Ps

张莉 郑宝民 姚俊 ◎ 主编

曾晖 秦勤 吴冠辰 ◎ 副主编

U0212947

中文版 **Photoshop CS5**

基础培训教程

移动学习版

人民邮电出版社

北京

图书在版编目（CIP）数据

中文版Photoshop CS5基础培训教程：移动学习版 /
张莉，郑宝民，姚俊主编. -- 北京：人民邮电出版社，
2019.1（2021.7重印）
ISBN 978-7-115-49498-6

Ⅰ．①中… Ⅱ．①张… ②郑… ③姚… Ⅲ．①图象处
理软件－教材 Ⅳ．①TP391.413

中国版本图书馆CIP数据核字(2018)第222583号

内 容 提 要

本书以 Photoshop CS5 为蓝本，讲解该软件中各个工具和功能的使用方法。全书共分为 12 章，其中第 1～11 章为基础知识，分别介绍了图像处理基础知识，Photoshop CS5 快速入门，创建和调整选区，绘制与修饰图像，编辑图像，使用路径和形状，图层的应用，调整图像色彩和色调，文字与蒙版的应用，使用通道以及使用滤镜；第 12 章为商业综合案例，综合应用 Photoshop 中使用频率较高的工具来实现特殊效果。

为了便于读者更好地学习本书内容，本书除了提供"疑难解答""技巧""提示"等小栏目来辅助学习外，还针对书中所有的 Photoshop 操作录制了视频，读者扫描书中对应二维码，即可观看该操作的视频演示。

本书适合广大 Photoshop 初学者，以及有一定 Photoshop 应用基础的读者使用，也可作为高等院校平面设计等相关专业的教材。

◆ 主　　编　张　莉　郑宝民　姚　俊
　　副主编　曾　晖　秦　勤　吴冠辰
　　责任编辑　税梦玲
　　责任印制　焦志炜

◆ 人民邮电出版社出版发行　　北京市丰台区成寿寺路 11 号
　　邮编　100164　　电子邮件　315@ptpress.com.cn
　　网址　http://www.ptpress.com.cn
　　三河市祥达印刷包装有限公司印刷

◆ 开本：787×1092　1/16
　　印张：17　　　　　　　　　　2019 年 1 月第 1 版
　　字数：431 千字　　　　　　　2021 年 7 月河北第 2 次印刷

定价：49.80 元

读者服务热线：(010)81055256　印装质量热线：(010)81055316
反盗版热线：(010)81055315
广告经营许可证：京东市监广登字 20170147 号

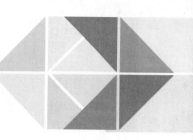

前言
PREFACE

在计算机、手机已成为人们生活必需品的今天，Photoshop软件也从专业的平面设计领域走向了大众。Photoshop是图像处理的"航母"级软件，被广泛应用于平面设计、网页设计、照片处理和电商美工等领域。

鉴于此，我们认真总结了Photoshop相关教材的编写经验，用了两三年的时间深入调研各类院校的教学需求，组建了一个优秀且具有丰富教学经验和实践经验的作者团队编写本教材，以帮助各类院校培养优秀的Photoshop技能型人才。

本着"学用结合"的原则，我们在教学方法、教学内容、教学资源等方面体现了本书特色。

📌 教学方法

本书精心设计了"课堂案例→知识讲解→课堂练习→上机实训→课后练习"5段教学法，以激发学生的学习兴趣：通过对理论知识的讲解以及对经典案例的分析，训练学生的动手能力；通过课堂练习、上机实训与课后练习的实践，帮助学生强化并巩固所学的知识和技能，达到提高学生实际应用能力的目的。各版块的内容及任务如下。

◎ **课堂案例：** 除了基础知识部分，涉及操作的知识均在每节开头以课堂案例的形式引入，让学生通过操作提前了解该节知识。

◎ **知识讲解：** 深入浅出地讲解理论知识，对课堂案例涉及的知识进行扩展与巩固，让学生理解课堂案例的操作。

◎ **课堂练习：** 结合课堂已讲解的内容给出课堂练习的操作要求，并提供适当的操作思路以及专业背景知识供学生参考。课堂练习要求学生独立完成，以充分训练学生的动手能力。

◎ **上机实训：** 精选案例，给出实训要求，对案例的效果进行分析，并提供操作思路，帮助学生分析案例并根据思路提示独立完成操作。

◎ **课后练习：** 结合每章内容给出几个操作题，学生可通过练习，强化巩固每章所学知识。

📚 教学内容

本书的教学目标是循序渐进地帮助学生掌握利用Photoshop进行图形图像处理和平面设计的技能，全书共12章，主要内容可分为以下6个方面。

◎ **第1章~第2章：**简述图形图像处理的基础知识，如矢量图、位图、分辨率、色彩模式、图像文件格式等基本概念，以及Photoshop CS5软件界面，图像文件与辅助工具的基本操作等。

◎ **第3章~第4章：**主要讲解Photoshop CS5中选区与图像的绘制操作。

◎ **第5章~第6章：**主要讲解图像的编辑，以及路径和形状的运用等相关知识。

◎ **第7章~第8章：**主要讲解图层的应用、图像色彩和色调的调整方法。

◎ **第9章~第11章：**主要讲解文字、通道、蒙版，以及滤镜的使用。

◎ **第12章：**综合应用Photoshop制作广告和电商页面，帮助读者掌握综合应用Photoshop工具的方法，同时通过相应的案例分析带领读者了解当前案例以及该案例所属行业的基本状况，提升读者的设计能力。

教学资源

本书提供立体化教学资源，以丰富教师的教学形式。本书的教学资源包括以下 5 个方面。

01 视频资源

本书在讲解与 Photoshop 相关的操作、实例制作过程时均录制了视频，读者可通过扫描书中二维码进行学习，也可扫描封面二维码，关注"人邮云课"公众号，将本书视频"加入"手机，随时学习。

02 素材文件与效果文件

提供本书所有实例涉及的素材与效果文件。

03 模拟试题库

提供丰富的与 Photoshop 相关的试题，读者可自由组合出不同的试卷进行测试。另外，还提供了两套完整的模拟试题，以便读者测试和练习。

04 PPT和教案

提供教学 PPT 和教案，以辅助老师顺利开展教学工作。

05 拓展资源

提供图片设计素材、笔刷素材、形状样式素材和Photoshop图像处理技巧文档等资源。

以上资源请前往box.ptpress.com.cn/y/49498下载。

作者

2018 年 6 月

目录
CONTENTS

第 1 章

图像处理基础知识

Photoshop是图形图像处理、平面设计以及数字艺术设计等行业的必备工具。想要熟练掌握Photoshop CS5的使用方法，就需要对图像的基础知识有所了解。本章主要讲解位图与矢量图的差异、像素与分辨率等知识，并带领读者熟悉图像常用色彩模式和图像常用文件格式。

课堂学习目标

- 了解位图与矢量图像的差异
- 了解像素与分辨率
- 了解常用图像色彩模式
- 熟悉常用图像文件格式

课堂案例展示

位图图像

矢量图像

RGB颜色图像

1.1 位图与矢量图

在数码制图中所有的图像都分为位图和矢量图两种类型，理解它们的概念和区别将有助于更好地学习和使用软件。例如，矢量图适合于插图，但聚焦和灯光的质量很难在一幅矢量图像中获得；而位图则能够将灯光、透明度和深度等参数的质量逼真地表现出来。

1.1.1 位图

位图又称像素图或点阵图，其图像大小和清晰度由图像中像素的多少决定。位图的优点是表现力强、层次丰富、精致细腻。但缩放位图时图像会变模糊。图1-1所示为一幅位图，图1-2所示为将位图放大300%后的效果。

图1-1 位图   图1-2 放大300%后显示

1.1.2 矢量图

矢量图是通过计算机指令来描述的图像，它由点、线、面等元素组成，所记录的是对象的几何形状、线条粗细和色彩等。矢量图表现力虽不及位图，但其清晰度和光滑度不受图像缩放的影响。图1-3所示为一幅矢量图，图1-4所示为将矢量图放大300%后的效果。

图1-3 矢量图   图1-4 放大300%后显示

1.2 像素与分辨率

Photoshop的图像是基于位图格式的，而位图的基本单位是像素，因此在创建位图图像时需为其指定分辨率大小。图像的像素与分辨率均能体现图像的清晰度，下面将分别介绍像素和分辨率的概念。

1.2.1　像素

像素是构成位图图像的最小单位，位图是由一个个小方格的像素组成的。一幅相同的图像，其像素越多越清晰，效果越逼真。图1-5所示为100%显示的图像，当将其放大到足够大的比例时，就可以看见构成图像的方格状像素，如图1-6所示。

图1-5　100%显示的图像

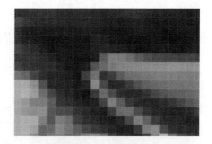

图1-6　放大一定比例后显示效果

1.2.2　分辨率

分辨率是指单位长度上的像素数目。单位长度上像素越多，分辨率越高，图像就越清晰，所需的存储空间也就越大。分辨率可分为图像分辨率、打印分辨率和屏幕分辨率等。

● 图像分辨率：图像分辨率用于确定图像的像素数目，其单位有"像素/英寸"和"像素/厘米"，1英寸=2.54厘米。如"一幅图像的分辨率为300像素/英寸"，表示该图像中每英寸包含300个像素。

● 打印分辨率：打印分辨率又叫输出分辨率，指绘图仪、激光打印机等输出设备在输出图像时每英寸所产生的油墨点数。如果使用与打印机输出分辨率成正比的图像分辨率，就能产生较好的输出效果。

● 屏幕分辨率：屏幕分辨率是指显示器上每单位长度显示的像素或点的数目，单位为"点/英寸"。如"80点/英寸"表示显示器上每英寸包含80个点。普通显示器的典型分辨率约为96点/英寸，苹果机显示器的典型分辨率约为72点/英寸。

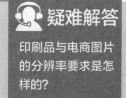
疑难解答

印刷品与电商图片的分辨率要求是怎样的？

虽然分辨率越高图像越清晰，但分辨率越高图像文件也就越大，所以高分辨率的图像传输速度往往越慢。一般用于屏幕显示和网络的图像，分辨率只需要72像素/英寸；用于喷墨打印机打印时，可使用（100~150）像素/英寸分辨率的图像；用于写真或印刷时，可使用300像素/英寸分辨率的图像。

1.3　常用的图像色彩模式

使用Photoshop处理图像经常会提到色彩模式这个概念，色彩模式决定着一幅电子图像用什么样的方式在计算机中显示或打印输出。选择【图像】/【模式】命令，可以看到Photoshop中的各种图像模式，下面将重点介绍几种常用模式的构成原理和特点。

1.3.1 位图模式

位图模式是由黑和白两种颜色来表示图像的色彩模式。使用这种模式可以大大简化图像中的颜色，从而降低图像文件的大小。该色彩模式只保留了亮度值，而丢掉了色相和饱和度信息。需要注意的是只有处于灰度模式或多通道模式下的图像才能转化为位图模式。打开一幅RGB色彩模式图像，如图1-7所示，将其转化为位图模式，效果如图1-8所示。

图1-7 RGB色彩模式图像

图1-8 位图模式图像

技巧 将RGB色彩模式的图像转换为位图模式时，需先将图像转换为灰度模式或多通道模式。

1.3.2 灰度模式

打开RGB模式图像，再打开"颜色"面板，当R、G、B值相同时，可以看到左侧的预览颜色显示为灰色，如图1-9所示。单击"颜色"面板右上方的 按钮，在弹出的菜单中选择"灰度滑块"命令，切换到灰度模式，即可看到灰度色谱，如图1-10所示。

灰度色，其实就是指纯白、纯黑以及两者中的一系列从黑到白的过渡色。灰度色中没有任何色相，它属于RGB色域。当彩色图像转换为灰度模式时，将删除图像中的色相及饱和度，只保留亮度。选择【图像】/【模式】/【灰度】命令，即可将RGB色彩模式转化为灰度模式，得到灰度图像。图1-11所示为从RGB色彩模式转化为灰度模式的效果。

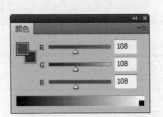

图1-9 RGB模式色谱

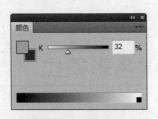

图1-10 灰度模式色谱

图1-11 灰度图像

1.3.3 双色调模式

双色调色彩模式是通过1~4种自定油墨创建的单色调、双色调、三色调、四色调灰度图像，而并不是指由两种颜色构成的图像模式，它在印刷行业较常使用。图1-12～图1-14所示为从RGB色彩模式转化成单色调、双色调模式。

图1-12 RGB颜色图像

图1-13 单色调图像

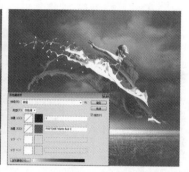

图1-14 双色调图像

1.3.4 索引模式

索引模式是指系统预先定义好的一个含有256种典型颜色的颜色对照表。可通过限制图像中的颜色来实现图像的有损压缩。如果要将图像转换为索引色彩模式，那么这张图像必须是8位/通道的图像、灰度图像或RGB色彩模式的图像。

选择【图像】/【模式】/【索引颜色】命令，打开"索引颜色"对话框，如图1-15所示，在其中可以运用不同的设置将图像转换为索引模式。下面将详细介绍对话框中各选项含义。

图1-15 "索引颜色"对话框

● 调板：在该下拉列表框中可选择设置索引颜色的调板类型。

● 颜色：可通过输入颜色值来指定要显示的实际颜色数量。

● 强制：将某些颜色强制包含在颜色表中，包含"黑白""三原色""Web""自定"4种选项。

● 透明度：选中该复选框将在颜色表中为透明色添加一条特殊的索引项；取消选中该复选框，将用杂边颜色或白色填充透明区域。

● 杂边：指定用于填充与图像的透明区域相邻的消除锯齿边缘的背景色。选中该复选框，可对边缘区域应用杂边；取消选中该复选框则不对透明区域应用杂边。

● 仿色：使用仿色可以模拟颜色表中没有的颜色。

● 数量：当设置"仿色"为"扩散"方式时，该选项才可用，主要用来设置仿色数量的百分比值。该值越高，所仿颜色越多，但会增加文件大小。

技巧 由于索引模式比其他色彩模式的图像文件体积更小，所以索引模式经常被使用于网络。

1.3.5　RGB 模式

RGB模式是由红、绿和蓝三种颜色按不同的比例混合而成，也称真彩色模式，是最为常见的一种色彩模式。在"颜色"和"通道"面板中将显示对应的色彩模式参数和通道信息，如图1-16所示。

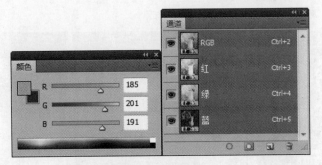

图1-16 RGB模式显示

RGB模式的色域较广，一般计算机屏幕中所显示的颜色都是由红、绿、蓝三种色光按照不同的比例混合而成的，一组红色、绿色、蓝色即可组成一个最小的显示单位，屏幕上任何一个颜色都可以组成一组RGB颜色值。通过这些组合的不断添加和重叠，即可组成一幅五颜六色的图像。

图1-17所示的植物图像，实际上就是由图1-18所示的红、绿、蓝三个部分组成的。

图 1-17　原图　　　　　　　　　　　　图 1-18　红、绿、蓝颜色显示

1.3.6　CMYK 模式

CMYK模式是印刷时常使用的一种色彩模式，由青、洋红、黄和黑4种颜色按不同的比例混合而成，C代表青色、M代表洋红色、Y代表黄色、K代表黑色。CMYK模式包含的颜色比RGB模式少很多，所以RGB模式下图像在屏幕上显示时会比印刷出来的颜色丰富些。在"通道"面板上可查看4种颜色通道的信息状态，如图1-19所示。

印刷图像前，一定要确保图像的色彩模式为CMYK。若原图像的色彩模式是RGB，最好先在RGB色彩模式下对图像进行编辑，最后在印刷前将其转化为CMYK色彩模式。

图1-19 CMYK模式通道信息

提示 CMYK模式也叫减光模式，该模式下的图像只有在印刷体上才可以观察到，如纸张。所以，在显示器上观察到的图像要比印刷出来的图像亮丽一些。

1.3.7 Lab 模式

Lab模式是由国际照明委员会发布的一种色彩模式，由RGB三基色转换而来。其中L表示图像的亮度，取值范围为0～100；a表示由绿色到红色的光谱变化，取值范围为-120～120；b表示由蓝色到黄色的光谱变化，取值范围为-120～120。在"颜色"和"通道"控制面板中显示的颜色和通道信息如图1-20所示。

图1-20 Lab模式显示

疑难解答

哪一种色彩模式运用在实际工作中较多、较好？

如果是自己业余绘制，不需要打印、印刷的，采用RGB模式即可。如果用于印刷的设计稿，则需要设置CMYK模式来设计图像，如果已经是其他色彩模式的图像，在输出印刷之前，就应该将其转换为CMYK模式。

1.4 常用的图像文件格式

图像文件分为多种格式，在Photoshop中常用到的有PSD、JPEG、TIFF、GIF、BMP等格式的图像文件。用户选择【文件】/【打开】或【文件】/【存储为】命令后，打开对应的对话框，在文件类型下拉列表框中可以看见所需用到的文件格式，如图1-21所示。

1.4.1 PSD、PDD 格式

这两种图像文件格式是Photoshop专用的图形文件格式，它有其他文件格式所不能包括的关于图层、通

图1-21 所有文件格式

道及一些专用信息，也是唯一能支持全部图像色彩模式的格式，以PSD、PDD格式保存的图像文件也会比以其他的格式保存的图像文件占用的磁盘空间更大。

1.4.2 PDF 格式

PDF图像文件格式是Adobe公司用于Windows、MacOS、UNIX(R)和DOS系统的一种电子出版软件，并支持JPEG和ZIP压缩。

1.4.3 TIFF 格式

TIFF图像文件格式可以在许多图像软件之间进行数据交换，其应用相当广泛，大部份扫描仪都输出TIFF格式的图像文件。此格式支持RGB、CMYK、Lab、Indexed、Color、BMP、Grayscale等色彩模式，在RGB、CMYK等模式中支持Alpha通道的使用。

1.4.4 JPEG 格式

JPEG图像文件格式主要用于图像预览及超文本文档，可使图像文件变得较小。将JPEG格式保存的图像经过高倍率的压缩后，将会丢失部分不易察觉的数据，所以在印刷时不宜使用此格式。此格式支持RGB、CMYK等色彩模式。

1.4.5 BMP 格式

BMP图像文件格式是一种标准的点阵式图像文件格式，支持RGB、灰度和位图色彩模式，但不支持Alpha通道。

1.4.6 GIF 格式

GIF图像文件格式是输出图像到网页常用的格式，该格式不支持Alpha通道。GIF格式采用LZW压缩，它支持透明背景和动画，被广泛应用在网络中。

1.4.7 EPS 格式

EPS图像文件格式是一种PostScript格式，常用于绘图和排版。此格式支持Photoshop中所有的色彩模式，在EPS模式中支持透明，但不支持Alpha通道。

第2章
Photoshop CS5快速入门

Photoshop功能强大，运用范围广，需要循序渐进地进行系统学习。本章主要介绍Photoshop CS5的基本操作，带领大家快速入门，为用户打下扎实的软件应用基础。熟悉基本操作将对于今后的图像处理、广告设计起到重要的作用。

课堂学习目标

- 认识Photoshop CS5的工作界面
- 掌握图像文件和图层的基本操作
- 掌握查看图像文件、调整图像大小、设置图像颜色等操作
- 掌握撤销与恢复操作

课堂案例展示

拾取背景色

显示图层

2.1 认识Photoshop CS5的工作界面

启动Photoshop CS5后，就能看到Photoshop CS5的工作界面。在学习前需对其工作界面有一个初步的认识，并熟悉界面各功能和作用，才能更快地掌握Photoshop CS5的应用。

下面首先来介绍Photoshop CS5的工作界面，打开一副图像文件，可以看到，工作界面中包括菜单栏、属性栏、标题栏、工具箱、状态栏、图像窗口以及各个面板，如图2-1所示。

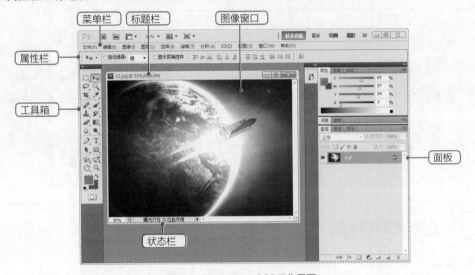

图2-1 Photoshop CS5工作界面

下面分别介绍界面中各部分的功能及其使用方法。

2.1.1 标题栏

标题栏主要是显示当前图像文件名称，其右侧的 □、□ 和 ⊠ 按钮分别用来最小化、还原和关闭工作界面。

2.1.2 菜单栏

菜单栏是软件中各种应用命令的集合处，从左至右依次为文件、编辑、图像、图层、选择、滤镜、分析、视图、窗口和帮助10个菜单，这些菜单下集合了上百个菜单命令，只需要了解每一个菜单中命令的特点，通过这些特点就能够很容易地掌握这些命令的使用。

选择菜单命令最常用的方法就是通过鼠标先单击菜单项，然后在弹出的菜单或子菜单中单击菜单命令即可。

为了提高工作效率，Photoshop CS5 中的大多数命令允许用户通过快捷键来实现快速选择，如果系统为菜单命令设置了快捷键，在打开的菜单中就可观察到对应的快捷键，如图2-2所示。例如，要通过快捷键来选择"文件"菜单下的"打开"命令，只需按【Ctrl+O】组合键即可。

图2-2 文件菜单

2.1.3 工具箱

工具箱中集合了图像处理过程中常用的工具，使用它们可以进行绘制图像、修饰图像、创建选区，以及调整图像显示比例等。它的默认位置在工作界面左侧，通过拖动其顶部可以将其拖放到工作界面的任意位置。

工具箱顶部有一个折叠按钮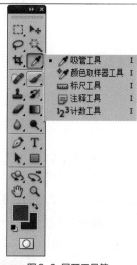，单击该按钮可以将工具箱中的工具以紧凑型排列。

要选择工具箱中的工具，只需单击该工具对应的图标按钮即可。仔细观察工具箱，可以发现有的工具按钮右下角有一个黑色的小三角，表示该工具位于一个工具组中，工具组中还有一些隐藏的工具，在该工具按钮上按住鼠标左键不放或使用右键单击，可显示该工具组中隐藏的工具，如图2-3所示。

图2-3 展开工具箱

2.1.4 属性栏

在工具箱中选择某个工具后，菜单栏下方的工具属性栏就会显示当前工具对应的属性和参数，用户可以通过设置这些参数来调整工具的属性。

当在工具箱中选择不同工具后，工具属性栏中的各参数选项也会随着当前工具的改变而变化。例如，在工具箱中分别选择"橡皮擦工具"和"仿制图章工具"后，工具属性栏效果分别如图2-4和图2-5所示。

图2-4 橡皮擦工具属性栏

图2-5 仿制图章工具属性栏

2.1.5 图像窗口

图像窗口是对图像进行浏览和编辑操作的主要场所，图像窗口标题栏主要显示当前图像文件的文件名及文件格式、显示比例及图像色彩模式等信息。

2.1.6 面板

面板是在Photoshop CS5中进行选择颜色、编辑图层、新建通道、编辑路径和撤销编辑等操作的主要场所，也是工作界面中非常重要的一个组成部分。面板默认显示在工作界面的右侧，其作用是帮助用户设置和修改图像。

默认状态下系统将显示3组面板，每组由2~3个面板组成，如图2-6所示。

图 2-6 系统默认打开的面板组

Photoshop CS5中可使用的面板不只是显示在工具界面中的3组面板，可以在"窗口"菜单中打开其他所需的各种面板。

Photoshop CS5的面板由以前的浮动面板变为了一个整合的面板块，如图2-7所示。通过单击面板上方的 按钮，可以将面板改为只有面板名称的缩略图。再次单击 按钮可以返回到一个展开的面板块，当需要显示某个单独的面板时，只需单击该面板名称即可显示此面板，如图2-8所示。

图 2-7 整合面板 　　　　　　　　　　图 2-8 打开单个面板

2.1.7 状态栏

状态栏位于窗口的底部，最左端显示当前图像窗口的显示比例，在其中输入数值后按【Enter】键可以改变图像的显示比例；中间图像信息显示区显示当前图像文件的大小；右端显示滑动条，如图2-9所示。

用鼠标左键单击状态栏中的图像信息显示区中的任意地方，并按住鼠标左键不放，将弹出当前图像宽度、高度、通道和分辨率等信息，如图2-10所示。

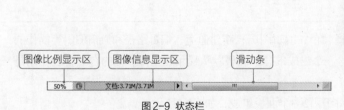

图 2-9 状态栏

图 2-10 显示图像信息

疑难解答

怎样恢复到默认
界面设置？

当软件界面中的各面板和工具箱位置较为散乱时，可以选择【窗口】/【工作区】/【复位基本功能】命令，即可快速恢复到默认界面设置。

2.2 图像文件的基本操作

学习Photoshop，首先就要学会图像文件的基本操作，其中主要包括图像的新建、打开，以及图像的存储、关闭等。

2.2.1 新建图像文件

新建图像是使用Photoshop CS5进行平面设计的第一步。选择【文件】/【新建】命令或按【Ctrl+N】组合键，打开"新建"对话框，输入文件名称后，设置文件的尺寸、分辨率、颜色模式等选项，如图2-11所示，单击"确定"按钮，即可创建一个空白图像文件，如图2-12所示。

图2-11 "新建"对话框

图2-12 新的图像

"新建"对话框中各选项的含义如下。

● 名称：默认文件名称为"未标题-1"，也可以自定义文件名称。创建文件后，文件名会显示在文档窗口的标题栏中。保存文件时，文件名会自动显示在存储文件的对话框内。

● "预设"下拉列表框：用于设置新建文件的尺寸。在进行设置时，可先在"预设"下拉列表中选择需要预设的文档类型，再在"大小"下拉列表中选择预设尺寸。

● 宽度/高度：用于设置图像的具体宽度和高度，在其右边的下拉列表框中可选择图像的尺寸单位。

● 分辨率：用于设置新建文件的分辨率，在右边的下拉列表框中可选择分辨率的单位。

● 颜色模式：用于设置图像的颜色模式，包括位图、灰度、RGB颜色、CMYK颜色和Lab颜色。

● 存储预设：单击该按钮，将打开"新建文档预设"对话框，在其中新建预设的名称，将当前设置的文件大小、分辨率、颜色模式等创建成一个新的预设。存储的预设将自动保存在"预设"下拉列表中。

● 删除预设：选择自定义的预设后，单击该按钮可将当前预设删除。

● 背景内容：可以选择文件背景的内容，包括白色、背景色和透明。图2-13所示为设置背景内容为白色；图2-14所示为将背景色设置为绿色并设置背景内容为背景色；图2-15所示为设置背景内容为透明。

图2-13 白色背景

图2-14 背景色背景

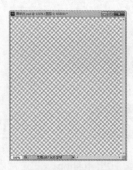

图2-15 透明色背景

● "高级"按钮❤：单击该按钮，"新建"对话框底部会显示"颜色配置文件"和"像素长宽比"两个下拉列表框，如图2-16所示。与"预设"下拉列表框设置一样，也是用来设置新建文件的尺寸，可以将其看作是对"预设"下拉列表框的补充。

图2-16 扩展后的对话框

2.2.2 打开图像文件

要对一个图像进行处理，首先要确认文件已经存在于计算机中，然后在计算机中找到该文件将其打开。打开图像文件的方法有很多，可通过执行"打开"命令、"在Bridge中浏览"命令、"打开为"命令、"最近打开文件"命令这几种方法打开。

1. 通过"打开"命令打开文件

选择【文件】/【打开】命令，打开"打开"对话框，如图2-17所示，在其中选择需要打开的图像文件，单击 打开(O) 按钮即可打开图像，如图2-18所示。

图2-17 "打开"对话框

图2-18 打开的图像

"打开"对话框中各选项含义如下。

● 文件名：显示所选文件的文件名。

● 文件类型：用于设置显示需要打开文件的类型。当文件夹中有很多文件时，设置文件类型可加快寻找文件的速度。

2. 通过"打开为"命令打开文件

若使用与文件实际格式不匹配的扩展名存储文件或文件没有扩展名时，Photoshop不能使用"打开"命令打开文件。此时，可选择【文件】/【打开为】命令，打开"打开为"对话框，再在"打开为"下拉列表中选择正确扩展名，然后单击 打开(0) 按钮打开文件，如图2-19所示。

3. 通过"在 Bridge 中浏览"命令打开文件

一些PSD文件不能在"打开"对话框中正常显示，此时就可使用Bridge打开。其方法是：选择【文件】/【在Bridge中浏览】命令，启动Bridge。在Bridge中选择一个文件，并对其进行双击，即可将其打开。

4. 通过"最近打开文件"命令打开文件

Photoshop可记录10个最近打开过的文件，选择【文件】/【最近打开文件】命令，在其子菜单中选择文件名即可将其在Photoshop中打开，如图2-20所示。

图2-19 "打开为"对话框

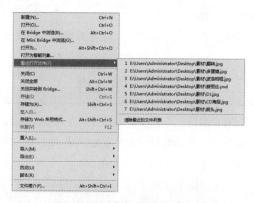

图2-20 通过"最近打开文件"命令打开

 提示 如果使用"打开为"命令仍然不能打开图像，则有可能是选择的文件格式与实际文件格式不同，或文件已损坏。

2.2.3 保存图像文件

完成图像编辑操作后需要对图像进行存储。为了避免因为断电或程序出错造成效果丢失的情况，用户最好养成一边编辑文件一边保存的习惯。保存文件同样有很多方法，下面将详细地进行讲解。

1. 通过"存储"命令保存文件

选择【文件】/【存储】命令或按【Ctrl+S】组合键，即可对正在编辑的图像进行保存。需要注意的是，如果是新建的文件，且之前都没有进行保存操作，则在选择【文件】/【存储】命令后，将打开"存储为"对话框。

2. 通过"存储为"命令保存文件

选择【文件】/【存储为】命令，或按【Ctrl+Shift+S】组合键，打开"存储为"对话框，如图2-21所示。在该对话框中可进行存储操作。

"存储为"对话框中各选项的作用如下。

● 文件名：设置保存的文件名。

● 格式：用于设置保存的文件格式。

● 存储选项：该选项中有两个选项卡，分别如下。

● 在"存储"选项卡中："作为副本"，选中该复选框，将为图像另外保存一个附件图像；"注释/Alpha通道/专色/图层"等，选中这些复选框，与之对应的对象将被保存。

● 在"颜色"选项卡中："使用校样设置"，选中该复选框后，可以保存打印用的校样设置，但只有将文件的保存格式设置为EPS或是PDF时，该选项才可用；"ICC配置文件"，选中该复选框，可以保存嵌入到文件中的ICC配置文件。

● 缩览图：选中该复选框，将为图像创建并显示缩览图。

图2-21 "存储为"对话框

2.2.4 关闭图像文件

编辑完图像后，需要关闭图像。在Photoshop中提供了多种关闭图像的方法，主要有如下几种。

● 单击图像窗口标题栏中最右端的"关闭"按钮。

● 选择【文件】/【关闭】命令。

● 按【Ctrl+W】组合键。

● 按【Ctrl+F4】组合键。

2.3 查看图像

在图像编辑过程中，有时需要对编辑的图像进行放大或缩小操作查看图像的细节，这样更便于图像的编辑。查看图像可以通过缩放工具、抓手工具，以及"导航器"面板来实现。下面将分别进行讲解。

2.3.1 使用缩放工具查看

缩放工具可以对图像在显示比例上进行缩放。选择缩放工具，将鼠标指针移动到图像上，当鼠标变为形状时，单击鼠标即可放大图像，如图2-22所示。

图2-22 放大图像

选择缩放工具 后，属性栏如图2-23所示。

图2-23 缩放工具属性栏

技巧 选择缩放工具后，如果当前是放大模式，按住【Alt】键，使用鼠标单击图像将缩小图像。如果当前是缩小模式，按住【Alt】键，使用鼠标单击图像将放大图像。

2.3.2 使用抓手工具查看

如果用户觉得使用缩放工具不能很好地对图像进行显示，此时可使用抓手工具对图像进行移动查看。选择抓手工具 ，使用鼠标在图像中进行拖动即可移动图像的显示区域，如图2-24所示。当用户向什么方向拖动鼠标时，就会显示什么方向的图像。

2.3.3 使用导航器查看

当图像没有显示完整时，用户可通过"导航器"面板对图像的隐藏部分进行查看。选择【窗口】/【导航器】命令，打开"导航器"面板。将鼠标指针放在缩略图上，当鼠标指针变为 形状时，使用鼠标在预览图上拖动，移动图像的显示位置，如图2-25所示。需要注意的是，当图像能在工作界面中完整的显示时，将鼠标指针放在缩略图上，鼠标指针不会变为 形状。

图2-24 使用抓手工具查看图像

图2-25 使用导航器查看图像

技巧 在"导航器"面板下方拖动缩放滑块可对图像进行缩放。向左拖动将缩小图像，向右则可以放大图像。

2.4 调整图像方向和大小

我们经常会将拍摄的照片或在网上找到的素材图像用Photoshop进行编辑，但通常这些图像的尺寸、分辨率等不能满足用户的需求，这时就可以通过调整图像或画布大小，以及调整视图方向来满足需要。下面将分别介绍调整视图方向、图像大小和画布大小的方法。

2.4.1 调整视图方向

当图像的角度不方便图像的编辑和观看时，用户可以对它们进行翻转和旋转。但需要注意的是，这些操作都是针对画布的。选择【图像】/【图像旋转】命令，弹出图2-26所示的子菜单，在其中选择相应命令，即可翻转和旋转图像。图2-27所示为使用水平翻转前后的效果。

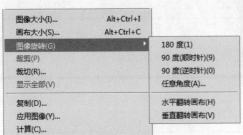

图2-26 图像旋转子菜单　　　　　　　　　　图2-27 使用水平翻转前后的效果

2.4.2 调整图像大小

一个图像的大小由它的宽度、长度、分辨率来决定，在新建文件时，"新建"对话框会显示当前新建文件的大小。当图像文件完成创建后，如果需要改变其大小，可以选择【图像】/【图像大小】命令，打开"图像大小"对话框，如图2-28所示。

设置图像大小的前后对比效果如图2-29所示。如果重新设置分辨率将影响图像的清晰度。

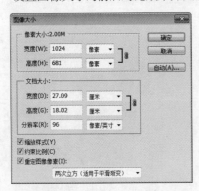

图2-28 "图像大小"对话框　　　　　　　　　图2-29 将图像宽度和高度值缩小

"图像大小"对话框中各选项作用如下。

● 像素大小/文档大小：可以通过在数值框中输入数值，来改变图像大小。

● 在"文档大小"选项卡中"分辨率"选项表示，可通过在数值框中重设分辨率来改变图像大小。

●缩放样式：如果图像中的图层添加了图层样式，选中该复选框后，在调整图像大小时其图层样式按比例缩小或放大。只有选中了"约束比例"复选框后，才能使用该选项。

●约束比例：选中该复选框，在"宽度"和"高度"数值框后面将出现"链接"标志，表示改变其中一项设置时，另一项也将按相同比例改变。

●重定图像像素：选中该复选框可以改变像素的大小。

2.4.3　调整画布大小

使用"画布大小"命令可以精确地设置图像画布的尺寸。选择【图像】/【画布大小】命令，打开"画布大小"对话框，在其中可以修改画布的"宽度"和"高度"参数，如图2-30所示。

"画布大小"对话框中各选项作用如下。

●当前大小：显示当前图像的"宽度"和"高度"。

●新建大小：该选项中有多个命令，分别如下。

●"宽度""高度"：用于设置当前图像修改画布大小后的尺寸，若是数值大于原来的尺寸将增大画布，若是数值小于原来的尺寸将会缩小画布。

●"相对"：选中该复选框，"宽度""高度"数值框中的数值将会表达实际增加或减少的区域大小，而不是整个文件的大小。输入正值将会增加画布，输入负值将会减小画布。

图2-30　"画布大小"对话框

●"定位"：用于设置当前图像在新画布上的位置，如做扩大画布操作，并单击左上角的方块，此时，图像位于左上角，画布的扩大方向为右下角。图2-31和图2-32所示为使用不同定位产生的画布扩大效果。

图2-31　定位为左上方　　　　　　　　　　图2-32　定位为中下方

●画布扩展颜色：在该下拉列表中可选择扩大选区时填充新画布使用的颜色，默认情况下使用前景色（白色）填充。

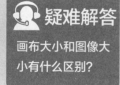

疑难解答

画布大小和图像大小有什么区别？

可以把画布比作为纸，而图像比作纸上所作的画，画布大小和图像大小就可以看作纸的大小和所作画的大小。

2.5 使用辅助工具

标尺、参考线、网格等工具都属于Photoshop中的辅助工具，它们不能用来编辑图像，但却可以帮助用户更好地完成选择定位或编辑图像的操作。下面就来详细介绍这些辅助工具的使用方法。

2.5.1 使用标尺

"标尺"可以帮助用户固定图像或元素的位置，选择【视图】/【标尺】命令，或按【Ctrl+R】组合键，可在图像窗口顶部和左侧分别显示水平和垂直标尺。再次按【Ctrl+R】组合键可隐藏标尺。图2-33所示为显示标尺时的效果。移动光标时，标尺内的标记将会显示光标的精确位置。输出打印图像时，标尺不会和图像一起输出。

2.5.2 使用网格线

网格主要是用来查看图像，并辅助其他操作来纠正错误的透视关系。选择【视图】/【显示】/【网格】命令，即可在图像窗口中显示出网格。输出图像时，网格线同样不会和图像一起输出，图2-34所示为在图像中显示网格的效果。

图2-33 显示标尺

图2-34 显示网格线

技巧 Photoshop默认在图像窗口的边框处显示出单位为厘米的标尺，在标尺上单击鼠标右键，在弹出的快捷菜单中可以更改标尺的单位。

2.5.3 使用参考线

在图像处理过程中，为了让制作的图像更加精确，可以使用参考线来实现。需要注意的是参考线在输出时，并不会和图像一起输出。显示标尺后，将鼠标指针移动到水平标尺上，向下拖动即可绘制一条绿色的水平参考线。若将鼠标指针移动到垂直标尺上，向右拖动即可绘制一条垂直参考线，如图2-35所示。

若想要创建比较精确的图像，可选择【视图】/

图2-35 参考线

【新建参考线】命令，打开如图2-36所示的"新建参考线"对话框，在"取向"栏中选择创建水平或垂直参考线，在"位置"数值框中设置参考线的位置。图2-37所示为使用"新建参考线"对话框位置设置在24厘米时创建的一条垂直参考线。

图2-36 "新建参考线"对话框

图2-37 创建的垂直参考线

2.6 设置图像颜色

颜色可以让图像效果更加丰富饱满，用户在使用Photoshop对图像进行文字输入、画笔绘图、填充、描边等操作时，都离不开颜色的设置。Photoshop CS5为了方便用户，提供了多种颜色的设置方式，下面讲解设置颜色的方法。

2.6.1 前景色和背景色

在Photoshop CS5中默认状态下，前景色为黑色，背景色为白色。在图像处理过程中通常要对颜色进行处理，为了更快速、高效地设置前景色和背景色，在工具箱中，提供了用于颜色设置的前景色和背景色按钮，如图2-38所示。按下切换前景色和背景色按钮 ↰，可以使前景色和背景色互换；按下默认前景色和背景色按钮 ◪，可以将前景色和背景色恢复为默认的黑色和白色。

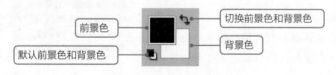

图2-38 前/背景色按钮

> **技巧** 按【D】键可还原前景色和背景色，按【X】键可置换前景色和背景色。需注意的是，在使用快捷键置换前景色和背景色时，输入法必须处于英文输入状态。

2.6.2 使用拾色器设置颜色

通过"拾色器"对话框可以根据自己的需要设置任意颜色的前景色和背景色。

单击工具箱下方的前景色或背景色图标，即可打开图2-39所示的"拾色器"对话框。在对话框中拖动颜色滑条上的三角形的颜色滑块，可以改变左侧主颜色框中的颜色范围；单击颜色区域，即可吸取需要的颜色，吸取后的颜色值将显示在右侧对应的选项中，设置完成后单击"确定"按钮即可。

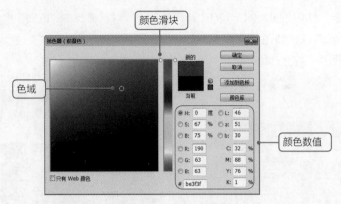

图2-39 "拾色器"对话框

"拾色器（前景色）"对话框中各选项作用如下。

● 色域：用于显示当前可以选择的颜色范围。在色域上拖动鼠标可设置选择的颜色。

● 溢色警告：当一些颜色模式的颜色在CMYK模式中没有对应的颜色时，这些颜色就是"溢色"。出现溢色时，"拾色器"对话框中将出现⚠标志。单击⚠标志下方的色块，可将溢色替换为最接近的CMYK颜色。

● 非Web安全色警告：若当前颜色是网络上无法正常显示的颜色时，会出现◎标志。单击◎标志下方的色块，可将无法正常显示的颜色替换为最接近的Web安全颜色。

● 颜色滑块：拖动颜色滑块两侧的三角形滑块，可以更改当前色域。

● 颜色数值：用于显示当前所设置颜色的数值，在该区域中可以通过输入数据来设置精确的颜色。

● 只有Web颜色：选中该复选框，色域中将只会显示Web安全色。

● 添加到色板：单击该按钮，可将当前设置的颜色添加到"色板"面板中。

● 颜色库：单击该按钮，打开图2-40所示的"颜色库"对话框。在该对话框中提供了几种预设的颜色库，供用户选择。

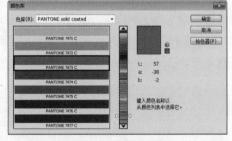

图2-40 "颜色库"对话框

 提示 颜色库中提供了多种内置的色库，供用户选择。当用户选择一种色调时，对话框内将显示与该颜色近似的多个颜色，可用于制作近似色填充时使用。

2.6.3 使用"颜色"和"色板"面板设置颜色

在Photoshop CS5中可以使用"颜色"和"色板"面板设置颜色。下面将详细介绍这两种面板的使用方法。

1. "颜色"面板

"颜色"面板中显示了当前设置的前景色和背景色，也可以在该面板中设置前景色和背景色。

选择【窗口】/【颜色】命令，打开"颜色"面
板，如图2-41所示。

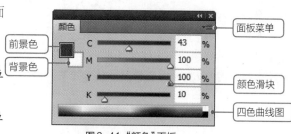

图2-41 "颜色"面板

"颜色"面板中各选项作用如下。

- 前景色：用于显示当前选择的前景色，单
  击前景色图标可打开"拾色器"对话框。
- 背景色：用于显示当前选择的背景色，单
  击背景色图标可打开"拾色器"对话框。
- 面板菜单：单击 ☰ 按钮，将弹出面板菜单。在这些菜单命令中可切换不同的模式滑块和
  色谱。
- 颜色滑块：拖动滑块可以改变当前所设置的颜色。
- 四色曲线图：将鼠标指针移动到四色曲线图上，鼠标指针将变为 🖊 形状，单击即可将吸取的
  颜色作为前景。按住【Alt】键的同时单击，即可将拾取的颜色作为背景色。

  2. "色板"面板

选择【窗口】/【色板】命令，打开"色板"面板，单击颜色块可设置为前景色，按住【Ctrl】
键单击，就可以将对应的颜色设置为背景色。根据需要，用户也可以搜集一些自定义颜色存储到
"色板"面板中，方便以后调用。其方法是：在图像上用吸管工具 🖊 采样颜色，将其设置为前景
色，然后单击"创建前景色的新色板"按钮 🔲 即可。

2.6.4 使用吸管工具设置颜色

吸管工具 🖊 通过吸取图像中的颜色作为前景色或背景色，在使用该工具前应保证工具界面中有
图像文件被打开或被创建。在工具箱中选择吸管工具 🖊 ，将鼠标移动到需要取色的位置处，单击即
可将拾取的颜色作为前景色，如图2-42所示；按住【Alt】键进行拾取可将当次拾取的颜色作为背景
色，如图2-43所示。

图2-42 拾取前景色

图2-43 拾取背景色

在工具箱中选择吸管工具 🖊 ，将会显示吸管工具的工具属性栏，如图2-44所示。

图2-44 "吸管工具"属性栏

"吸管工具"属性栏中各选项作用如下。

- 取样大小：用于设置工具的取样范围大小。
- 样本：用于设置是从"当前图层"还是"所有图层"中采集颜色。
- 显示取样环：选中该复选框后，在取色时将显示取样环。图2-45所示为没有显示取样环的效果；图2-46所示为显示取样环的效果。

图2-45 未显示取样环

图2-46 显示取样环

2.7 撤销与恢复操作

在图像处理过程中，有时会产生一些误操作，或对处理后的最终效果不满意，这就需要将图像返回到某个状态重新处理。Photoshop CS5 提供了强大的恢复功能来解决这一问题。

2.7.1 使用撤销与恢复命令

对于初学者来说，对图像的操作需要不断进行测试和修改，发现失误后应返回到上一步，重新再来。选择【编辑】/【还原】命令，或按【Ctrl+Z】组合键，可还原到上一步的操作。如果需要取消还原操作，可选择【编辑】/【重做】命令。

需要注意的是，"还原"操作以及"重做"操作都只针对一步操作。在实际编辑过程中经常需要对多步进行还原，此时就可选择【编辑】/【后退一步】命令，或按【Alt+Ctrl+Z】组合键来逐一进行还原操作。若想取消还原，则可选择【编辑】/【前进一步】命令，或按【Shift+Ctrl+Z】组合键来逐一进行取消还原操作。

2.7.2 使用"历史记录"面板恢复

通过"历史记录"面板可以将图像恢复到任意操作步骤状态，只需要在"历史记录"面板中的历史状态记录列表框中单击选择相应的历史命令即可。选择【窗口】/【历史记录】命令，即可打开"历史记录"面板，如图2-47所示。

"历史记录"面板中各部分的作用如下。

- 历史状态记录列表框：记录Photoshop的每步操作，单击某个记录即可将操作状态返回到所选操作记录。

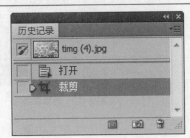

图2-47 "历史记录"面板

- "从当前状态创建文档"按钮 ：单击该按钮，可以当前操作状态创建一个新的文档。
- "创建新快照"按钮 ：单击该按钮，将以当前状态创建一个新快照。
- "删除当前状态"按钮 ：单击该按钮，可将选择的某个记录以及之后的记录删除。

提示 在Photoshop中,对面板、颜色设置、动作和首选项作出的参数调整不是对某个特定图像的更改,因此,不会记录在"历史记录"面板中。

2.7.3 使用快照恢复图像

"历史记录"面板只能保存20步操作。当用户在使用画笔、涂抹等工具绘制或修饰图像时,会有多次操作,往往造成面板中全是工具操作的记录,如图2-48所示。如果使用还原操作,根本没办法分辨哪一步是自己需要的状态,这就使得"历史记录"面板的还原功能非常有限。

我们可以通过两种方式来解决这个问题。

● 第一种方法:选择【编辑】/【首选项】/【性能】命令,打开"首选项"对话框,在"历史记录状态"选项中增加历史记录的保存数量。

● 第二种方法:使用"历史面板"中的快照功能来恢复图像。单击面板底部的"创建新快照"按钮█,将画面的当前状态保存为一个快照,如图2-49所示,以后不论绘制了多少步,即使面板中新的步骤已经被覆盖了,都可以通过单击快照将图像恢复为快照所记录的效果。

图2-48 多步历史记录

图2-49 快照中的历史记录

 提示 如果要修改快照的名称,可以双击它的名称,在显示的文本框中输入新名称。快照不会与文档一起存储,因此,关闭文档后,就会删除所有快照。

2.8 认识图层

图层是Photoshop最重要的组成部分之一,图层的出现使用户不需要在同一个平面中编辑图像。图层概念的出现也让图像的编辑变得更加有趣,同时也让制作出的图像元素变得更加丰富。

2.8.1 图层简介

当用户新建一个图像文档时,系统会自动在新建的图像窗口中生成一个图层,这时用户就可以通过绘图工具在图层上进行绘图。由此可以看出,图层是图像的载体,用来装载各种各样的图像,没有图层,图像是不存在的。一个图像通常都是由若干个图层组成,例如,图2-50所示的图像是由图2-51和图2-52所示两个图层中的图像组成。

图2-50 图像效果　　　　　图2-51 不显示背景　　　　　图2-52 不显示文字

2.8.2 认识"图层"面板

"图层"面板可以对图层进行如创建、移动、删除、重命名等操作。选择【窗口】/【图层】命令，打开一个具有多个图层的图像，其对应的"图层"面板如图2-53所示。

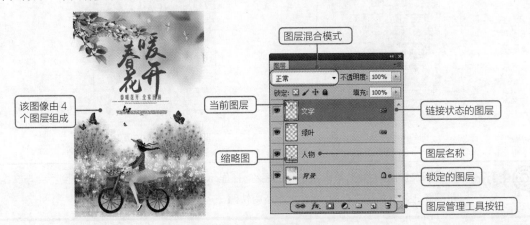

图2-53 "图层"面板

"图层"面板中各选项作用如下。

● 图层混合模式：用于为当前图层设置图层混合模式，使图层与下层图像产生混合效果。

● 不透明度：用于设置当前图层的不透明度。

● 填充：用于设置当前图层的填充不透明度。调整填充不透明度，图层样式不会受到影响。

● "锁定透明像素"按钮 ：单击该按钮，将只能对图层的不透明区域进行编辑。

● "锁定图像像素"按钮 ：单击该按钮，将不能使用绘图工具对图层像素进行修改。

● "锁定位置"按钮 ：单击该按钮，图层中的图像将不能被移动。

● "锁定全部"按钮 ：单击该按钮，将不能对处于这种情况下的图层进行任何操作。

● 显示/隐藏图层：当图层缩略图前出现 图标时，表示该图层为可见图层；当图层缩略图前出现 图标时，表示该图层为不可见图层。单击 或 图标可显示或隐藏图层。

- 展开/折叠图层效果：单击█按钮，可展开图层效果，并显示当前图层添加的效果名称。再次单击将折叠图层效果。
- 展开/折叠图层组：单击█按钮，可展开图层组中包含的图层。
- 当前图层：当前所选择的图层，成蓝底显示。用户可对其进行任何操作。
- 图层名称：用于显示该图层的名称，当面板中图层很多时，为图层命名可快速找到图层。
- 缩略图：用于显示图层中包含的图像内容。其中，棋格区域为图像中的透明区域。
- "链接图层"按钮█：选择两个或两个以上的图层，单击█按钮，可将所选的图层链接起来。此时，图层上会出现█图标。
- "添加图层样式"按钮█：单击该按钮，在弹出的快捷菜单中选择一个图层样式命令，可为图层添加一种图层样式。
- "添加图层蒙版"按钮█：单击该按钮，可为当前图层添加图层蒙版。
- "创建新的填充或调整图层"按钮█：单击该按钮，在弹出的快捷菜单中选择相应的命令，可创建对应的填充图层或调整图层。
- "创建新组"按钮█：单击该按钮，可创建一个图层组。
- "创建新图层"按钮█：单击该按钮，可在当前图层上方，新建一个图层。
- "删除图层"按钮█：单击该按钮，可将当前的图层或图层组删除。在选择图层或图层组时，按【Delete】键也可删除图层。

2.8.3 新建图层 / 图层组

了解了"图层"面板的基本功能后，下面学习在"图层"面板中新建图层和图层组的操作。

1. 新建图层

图层的创建方法有多种，如通过"图层"面板新建，通过命令进行创建等，下面对这些新建方法进行讲解。

- 通过"图层"面板新建：单击面板底部"创建新图层"按钮█。将在当前图层上方新建一个图层。若用户想在当前图层下方新建一个图层，可按住【Alt】键的同时，单击█按钮。
- 通过"新建"命令新建：如果用户想创建已经编辑好名称、混合模式、不透明度等参数的图层时，可以选择【图层】/【新建】/【图层】命令，或按【Shift+Ctrl+N】组合键，打开"新建图层"对话框，设置名称、模式、不透明度等信息，如图2-54所示。

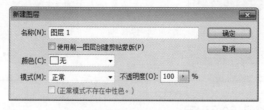

图2-54 "新建图层"对话框

- 通过"通过拷贝的图层"命令新建：在图像中创建选区后，选择【图层】/【新建】/【通过拷贝的图层】命令，或按【Ctrl+J】组合键，可将选区中的图像复制为一个新的图层，如图2-55所示。

图2-55 复制图层

2．新建图层组

当"图层"面板中的图层过多时，为了能快速找到需要的图层，就可以为图层分别创建不同的图层组，在 Photoshop CS5 中同样有多种创建图层组的方法。

● 通过"新建"命令新建：选择【图层】/【新建】/【组】命令，打开"新建组"对话框。在其中可以对组的名称、颜色、模式和不透明度进行设置，如图2-56所示。

图2-56 新建图层组

● 通过"图层"面板新建：在"图层"面板中，选择需要添加到组中的图层。使用鼠标将它们拖动到"创建新组"按钮 上，如图2-57所示，释放鼠标，即可看到所选的图层都被存放在了新建的组中，如图2-58所示。

图2-57 拖动图层

图2-58 创建的图层组

2.8.4 复制和删除图层

在"图层"面板中可以对图层进行复制和删除，以便更好地进行图像的编辑。下面将详细介绍复制和删除图层的操作方法。

1. 复制图层

用户除了使用新建图层的方法获得新图层，还可以通过复制的方法获得新图层。复制图层的操作在人物图像处理时经常被使用到。复制图层有以下3种方法。

● 选择需要复制的图层，将其拖动到"创建新图层"按钮 🔲 上，释放鼠标即可复制图层。

● 选择需要复制的图层，按【Ctrl+J】组合键即可在该图层上方得到复制的图层。

● 选择需要复制的图层，选择【图层】/【复制】命令，打开"复制图层"对话框，在其中设置图层名称后，单击"确定"按钮即可，如图2-59所示。

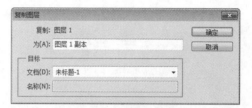

图2-59 复制图层

2. 删除图层

当图像中的图层过多时，不但会增加图像的大小，还会影响用户选择图层，所以可将无用图层删除。Photoshop CS5提供了多种删除图层的方法，分别介绍如下。

● 通过"删除"命令删除：选择需要删除的图层，再选择【图层】/【删除】/【图层】命令，将选择的图层删除。

● 通过"删除"按钮 🗑 删除：选择需要删除的图层，使用鼠标将它们拖动到 🗑 按钮上，释放鼠标。也可选择需要删除的图层，单击 🗑 按钮，将所选的图层删除。

2.8.5 显示和隐藏图层

当不需要显示图层中的图像时，可以隐藏图层。当图层前方出现 👁 图标时，该图层为可见图层，如图2-60所示。

单击图层前方的 👁 图标，此时该图标将变为 ■ 样式，表示隐藏该图层，如图2-61所示。再次单击 ■ 按钮，可显示图层。

图2-60 显示图层

图2-61 隐藏图层

2.9 课后练习

1. 练习1——*自定义"我的工作区"*

本练习将通过调整Photoshop CS5工作界面中工具箱的显示方式，以及控制面板的组合方式，将其定制成自己所熟悉的Photoshop工作界面，完成后的效果如图2-62所示。

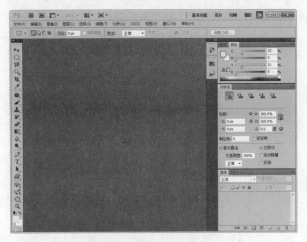

图2-62 自定义工作界面

> **提示：**使用鼠标左键按住控制面板组上方的面板名称，即可将其拖动出来，组合到其他面板中。

2. 练习2——*拼接图像*

打开"风景1"和"风景2"两张素材图像，如图2-63所示。练习将两幅图像拼接成一幅图像，主要练习"画布大小"对话框中各选项和参数的设置，完成后的效果如图2-64所示。

素材所在位置：素材＼第2章＼课后练习＼练习2＼风景1.jpg、风景2.jpg

效果所在位置：效果＼第2章＼风景.psd

图2-63 风景素材图像   图2-64 拼接的图像

第3章

创建和调整选区

利用Photoshop CS5中的各种选框工具可以绘制出不同形状、效果的选区，其中规则选框工具主要包括矩形选框工具、椭圆选框工具等，不规则选框工具主要包括套索工具组、魔棒工具组。掌握这些工具的使用方法后，还需要掌握选区的各种编辑操作，这样才能更好地对图像进行各种绘制和变换。

课堂学习目标

- 掌握创建选区的操作方法
- 掌握调整选区的操作方法

课堂案例展示

新年广告

蓝色星球

漂流瓶

3.1 创建选区

选区是应用Photoshop进行图像编辑必须掌握的操作，且由于图像的特异性以及制作要求的不同，用户需要使用不同的方法对选区进行创建。下面将详细介绍创建选区的多种方法。

3.1.1 课堂案例——制作新年广告

案例目标：通过椭圆选框工具和矩形选框工具，制作出图像中的背景圆点，以及方框图像，让添加的素材图像在画面中显得更有规律性，完成后的参考效果如图 3-1 所示。

知识要点：图像选区的创建、选区颜色的填充，以及选区工具属性栏中各按钮的使用。

素材文件：素材 \ 第 3 章 \ 制作新年广告 \ 祥云 .psd、变形文字 .psd、卡通图像 .psd、光芒 .psd

效果文件：效果 \ 第 3 章 \ 新年广告 .psd

图 3-1 效果图

具体操作步骤如下。

STEP 01 新建一个宽度为25厘米，高度为37厘米的图像文件，设置前景色为红色"#c3080b"，按【Alt+Delete】组合键填充背景颜色，如图3-2所示。

STEP 02 打开"祥云.psd"图像，用移动工具 将其拖动到红色背景图像中，放到画面下方，调整好图像大小，如图3-3所示。

图3-2 填充背景

图3-3 添加素材图像

视频教学
制作新年广告

STEP 03 单击"图层"面板底部的"创建新图层"按钮 ，新建一个图层。选择椭圆选框工具 ，按住【Shift】键，在图像窗口中按住鼠标左键拖动，绘制出一个较小的正圆形选区，完成后释放鼠标，得到浮动选区效果，如图3-4所示。

STEP 04 设置前景色为黄色"#f4d52f"，按【Alt+Delete】组合键填充选区，再按【Ctrl+D】组合键取消选区，如图3-5所示。

图3-4 绘制选区　　　　　　　　　　　　　　图3-5 填充选区

技巧 按键盘上的【M】键可选择工具箱中的矩形选框工具▣，反复按【Shift+M】组合键可在矩形和椭圆选框工具之间切换。

STEP 05 在红色图像四周再绘制多个不同大小的圆形选区，分别将其填充为不同深浅的粉红色"#ee9594"、粉紫色"#9b7578"等，如图3-6所示。

STEP 06 选择多边形套索工具▽，在画面上方绘制多个四边形选区和三角形选区，分别填充为橘黄色"#f28f1f"、紫红色"#e94f73"等，如图3-7所示。

STEP 07 打开"变形文字.psd"图像，用移动工具▶将其拖动到红色图像中，适当调整图像大小，放到画面上方，如图3-8所示。

图3-6 绘制多个圆形选区　　　　　图3-7 绘制其他选区　　　　　图3-8 添加变形文字

技巧 在使用多边形套索工具▽创建选区时，按【Shift】键可以在水平方向、垂直方向或45°方向上绘制直线。

STEP 08 选择【图层】/【图层样式】/【投影】命令，打开"图层样式"对话框，设置投影颜色为黑色、"不透明度"为25%、"距离"为12像素、"大小"为1像素，如图3-9所示。

STEP 09 单击"确定"按钮，得到文字投影效果，如图3-10所示。

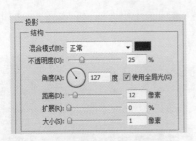

图3-9 设置投影样式参数

图3-10 投影效果

STEP **10** 新建一个图层，选择矩形选框工具 ，在变形文字中绘制一个较大的矩形选区，如图3-11所示。

STEP **11** 单击属性栏左侧的"从选区减去"按钮 ，在选区内部按住鼠标左键拖动，绘制一个较小的矩形选区，通过减选，得到边框选区效果，如图3-12所示。

STEP **12** 设置前景色为浅黄色，按【Alt+Delete】组合键填充选区，如图3-13所示。

图3-11 绘制选区

图3-12 减选选区

图3-13 填充选区

STEP **13** 打开"卡通图像.psd"图像，用移动工具 将其拖动到红色背景图像中，放到淡黄色方框底部，如图3-14所示。

STEP **14** 选择矩形选框工具，在属性栏中单击"添加到选区"按钮 ，在淡黄色边框图像与文字重叠的位置绘制多个矩形选区，如图3-15所示。选择边框选区所在的图层，按【Delete】键删除选区中的图像，如图3-16所示。

图3-14 添加素材图像

图3-15 绘制选区

图3-16 删除选区

STEP 15 选择横排文字工具 T，在文字上方输入一行大写英文文字，填充文字为淡黄色，如图3-17所示。

STEP 16 选择【图层】/【图层样式】/【投影】命令，打开"图层样式"对话框，设置投影颜色为黑色、"不透明度"为25%、"距离"为12像素、"大小"为1像素，如图3-18所示，单击"确定"按钮，得到的图像效果如图3-19所示。

图3-17 输入文字

图3-18 设置投影参数

图3-19 文字投影效果

STEP 17 选择横排文字工具 T，在画面下方输入广告文字，在属性栏中设置字体为黑体，填充文字为淡黄色"#f7d2a4"，如图3-20所示。

STEP 18 打开"光芒.psd"图像，使用移动工具将光芒图像分别放到文字两侧，完成本实例的制作，如图3-21所示。

图3-20 输入文字

图3-21 添加光芒图像

3.1.2 矩形选框工具

矩形选框工具用于在图像上建立矩形选区，在工具箱中选择矩形选框工具，其工具属性栏如图3-22所示。

图3-22 "矩形选框工具"属性栏

"矩形选框工具"属性栏中主要选项的含义如下。

● 羽化：用于设置选区边缘的模糊程度，其数值越高，模糊程度越高。图3-23所示是羽化值为0像素的效果，图3-24所示为羽化值为50像素的效果。

图3-23 羽化值为0像素

图3-24 羽化值为50像素

- 样式：用于设置矩形选区的创建方法。当选择"正常"选项时，用户可随意控制创建选区的大小；选择"固定比例"选项时，在右侧的"宽度"和"高度"文本框中可设置并创建固定比例的选区；选择"固定大小"选项时，在右侧的"宽度"和"高度"文本框中可设置并创建一个固定大小的选区。
- 调整边缘：单击该按钮，在打开的"调整边缘"对话框中可细致地对所创建的选区边缘进行羽化和平滑设置。

通过矩形选框工具可以绘制具有不同特点的矩形选区，下面分别进行介绍。

1. 自由绘制矩形选区

绘制自由矩形选区，是指在系统默认的参数设置下绘制具有任意长度和宽度的矩形选区。

选择工具箱中的矩形选框工具，在图像窗口中单击鼠标确定选区的起始处，如图3-25所示，按住鼠标左键不放，拖动确定选区的大小，并释放鼠标，即可得到一个矩形选区，如图3-26所示。

图3-25 确定起点

图3-26 拖动鼠标

 提示 选区在图像处理时能够保护选区外的图像，所有操作都只能对选区内的图像有效，这样与选区外的图像互不影响。

2. 绘制固定大小矩形选区

通过矩形选框工具可以绘制固定长度和宽度的矩形选区，这在一些要求精确的平面设计作品中非常实用。

选择工具箱中的矩形选框工具，在工具属性栏中的"样式"下拉列表中选择"固定大小"选项，并在其右侧随后出现的"宽度"和"高度"数值框中输入宽度和高度值，在图像窗口中单击即可完成绘制，如图3-27所示。如果要绘制具有一个像素大小的选区，只需在工具属性栏中将宽度和高度都设置为1px（像素）即可，绘制后的选区如图3-28所示。

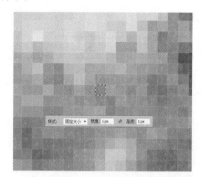

图3-27 绘制固定大小的选区　　　　　　　图3-28 具有一个像素大小的选区

3. 绘制固定比例矩形选区

通过绘制固定大小的矩形选区可以看出，矩形选区由宽度和高度两个参数控制其大小，用户可以通过设置宽度和高度之间的比例来控制绘制后的矩形形状。

选择工具箱中的矩形选框工具■，在工具属性栏中设置"样式"类型为"固定比例"，然后在"宽度"和"高度"数值框中输入代表它们之间比例关系的数值，在图像窗口单击并按住鼠标左键拖动，即可绘制选区，如输入数值一致，则可绘制出正方形选区。图3-29和图3-30所示为分别设置不同长宽比后绘制的矩形选区。

图3-29 设置相同比例值绘制的选区　　　　图3-30 设置比例为3：1绘制的选区

4. 叠加绘制矩形选区

在图像处理过程中，有时不能一次成功创建选区，这时可使用其他选区对已存在的选区进行运算来得到需要的选区，选区运算包括选区的添加、减去和交叉。

- 选区的添加：添加选区是指将最近绘制的选区与已存在的选区进行相加计算，从而实现两个选区的合并。单击选框工具属性栏中的"添加到选区"按钮■，或按住【Shift】键即可进行选区的添加操作。
- 选区的减去：减去选区是指将最近绘制的选区与已存在的选区进行相减运算，最终得到的是原选区减去新选区后得到的选区。单击属性栏中的"从选区减去"按钮■，或按住【Alt】键即可进行选区的减去操作。

● 选区的交叉：选区交叉指将最近绘制的选区与已存在的选区进行交叉运算，最终得到的是两个选区共同拥有的部分选区。单击属性栏中的"与选区交叉"按钮🔲，或按住【Shift+Alt】组合键，即可进行选区交叉操作。

3.1.3 椭圆选框工具

椭圆选框工具用于在图像上建立正圆和椭圆选区，如图3-31所示，椭圆选框工具和矩形选框工具对应的工具属性栏相同，所以它们绘制选区的方法也完全一样。

椭圆选框工具和矩形选框工具对应的工具属性栏都有一个"消除锯齿"复选框，它在选择椭圆选框工具时才变为可用，其目的是用来平滑选区边缘，但由于图像是由像素组成，所以它只能尽量平滑选区边缘，但不能完全实现平滑，如图3-32所示。

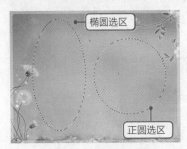
图3-31 创建圆形选区

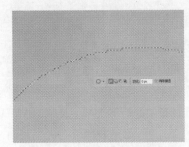
图3-32 消除锯齿后的选区

3.1.4 单行、单列选框工具

利用单行选框工具和单列选框工具可以方便地在图像中创建具有一个像素宽度的水平或垂直选区。选择工具箱中的单行或单列工具，在图像窗口中单击即可。图3-33和图3-34所示为放大显示创建后的单行和单列选区。

图3-33 创建单行选区

图3-34 创建单列选区

疑难解答

为什么创建的选区看不见？

在图像中创建选区后，如果选区不显示，可以选择【视图】/【显示】/【选区边缘】命令，该命令处于勾选状态即可显示选区。再次选择该命令或按【Ctrl+H】组合键，即可隐藏选区。

3.1.5 套索工具组

套索工具组中有3种选区创建工具，分别是套索工具■、多边形套索工具■和磁性套索工具■，用户可以运用这3种工具创建不规则的选区。下面详细介绍这3种工具的使用方法。

1. 套索工具

通过套索工具■就像使用画笔在图纸上任意绘制线条一样绘制自由选区。

选择工具箱中的套索工具，在图像中按住鼠标左键拖动绘制选区，如图3-35所示，释放鼠标，则自动生成如图3-36所示的选区。

图3-35 按住鼠标拖动

图3-36 获得选区

2. 多边形套索工具

使用多边形套索工具■可以将图像中不规则的直边对象从复杂的背景中选择出来。

选择工具箱中的多边形套索工具■，在图像中单击确定选区的起点，然后在其他地方单击创建第二点，这时所单击点之间会出现相连接的线段，如图3-37所示，继续单击创建其他点；最后在起始点处单击封闭选区即可，如图3-38所示。

图3-37 创建连接线段

图3-38 获得多边形选区

3. 磁性套索工具

使用磁性套索工具■可以在图像中沿颜色边界捕捉像素，从而形成选择区域。当需要选择的图像与周围颜色具有较大的反差时，选择使用磁性套索工具是一个很好的办法。

选择磁性套索工具■，并在图像中颜色反差较大的地方单击确定选区起始点，如图3-39所示，沿着颜色边缘慢慢移动鼠标，系统会自动捕捉图像中对比度较大的颜色边界并产生定位点，如图3-40所示，最后移动到起始点处单击即可完成选区绘制，如图3-41所示。

图3-39 确定起点

图3-40 沿颜色边缘移动鼠标

图3-41 得到选区

技巧 按键盘上的【L】键可快速选择工具箱中的自由套索工具，反复按【Shift+L】组合键可在自由套索工具、多边形套索工具和磁性套索工具之间切换。

3.1.6 魔棒工具

使用魔棒工具 可以根据图像中相似的颜色来绘制选区，只需在图像中的某个点单击，图像中与单击处颜色相似的区域会自动进入绘制的选区内。

选择魔棒工具 ，在天空图像中单击，即可获取图像选区，如图3-42所示。按住【Shift】键在下方太阳图像中单击，通过加选，可以继续添加图像内容到选区中，如图3-43所示。

图3-42 获取选区

图3-43 继续添加选区

技巧 使用魔棒工具时，按住【Shift】键单击可以添加选区；按住【Alt】键单击可以在当前选区中减去选区；按住【Shift+Alt】组合键单击可得到与当前选区相交的选区。

选择魔棒工具 后，其工具属性栏如图3-44所示。

| ⚡ ▾ | ▢▢▢▢ | 容差: 5 | ☑消除锯齿 | ☑连续 | ▢对所有图层取样 | 调整边缘… |

图3-44 "魔棒工具"属性栏

"魔棒工具"属性栏中主要选项的含义如下。

● 容差：用于确定将选择的颜色区域与已选择的颜色区域的颜色差异度。数值越低，颜色差异度越小，所建立的选区也会越小、越精确。图3-45所示为容差为10时的效果，图3-46所示为容差为50时的效果。

图3-45 容差为10

图3-46 容差为50

● 连续：选中该复选框，只会选择与取样点相连接的颜色区域。若不选中该复选框则会选择整张图像中与取样点颜色相似的颜色区域。图3-47所示为选中该复选框的效果，图3-48所示为没有选中该复选框时的效果。

图3-47 选中复选框

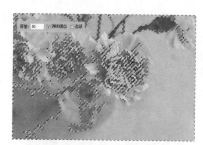
图3-48 没有选中复选框

● 对所有图层取样：当编辑的图像是一个包含多个图层的文件时，选中该复选框，将在所有可见图层上建立相似颜色选区。若没有选中该复选框，仅在当前图层中建立颜色相似选区。

3.1.7 快速选择工具

快速选择工具 可以将其看成魔棒工具的精简版，特别适合在具有强烈颜色反差的图像中绘制选区。选择快速选择工具 ，然后在图像中需要选择的区域拖动鼠标，鼠标拖动经过的区域将会被选择，如图3-49所示。在不释放鼠标的情况下继续沿要选择的区域拖动鼠标，直至得到需要的选区为止，如图3-50所示。

图3-49 拖动选区

图3-50 继续拖动鼠标获取选区

图3-51所示为快速选择工具属性栏。

图3-51 "快速选择工具"属性栏

"快速选择工具"属性栏中主要选项的含义如下。

● 选区运算按钮：单击"新选区"按钮 ![icon]，可创建新选区；单击"添加到选区"按钮 ![icon]，可在原有的基础上创建一个新的选区；单击"从选区减去"按钮 ![icon]，可在原有的选区基础上减去新绘制的选区。

● "画笔"选择器：单击 · 按钮，在弹出的"画笔"选择器中可设置画笔的大小、硬度、间距等。通过对画笔进行设置还可以调整笔尖的形状样式。

● 对所有图层取样：选中该复选框，将对图像的所有图层进行取样。

● 自动增强：选中该复选框，将增加选区范围边界的细腻感。

3.1.8 使用"色彩范围"命令

使用"色彩范围"命令绘制选区与使用魔棒工具绘制选区的工作原理一样，都是根据指定的颜色采样点来选取相似的颜色区域，只是它的功能比魔棒工具全面一些。

打开一张图像文件，如图3-52所示。选择【选择】/【色彩范围】命令，打开如图3-53所示的"色彩范围"对话框，可以看到对话框中部的预览框呈灰度图像模式显示，当选中其底部的"图像"单选项时，预览框中的图像便以原图模式显示。

图3-52 原图

图3-53 "色彩范围"对话框

如果想选择背景图像区域，只须将鼠标指针移至预览框中并在背景图像任意地方单击，如图3-54所示，单击"添加到取样"按钮 ![icon]并在背景图像中较黑的区域单击，可添加取样区域，向右拖动"颜色容差"适当扩大选区范围，如图3-55所示，单击"确定"按钮即可得到背景选区，如图3-56所示。

图3-54 在背景图像中单击

图3-55 添加取样区域

图3-56 获取背景选区

"色彩范围"对话框中各选项含义如下。

● 选择：用来设置预设颜色的范围，它由取样颜色、红色、黄色、绿色、青色、蓝色、洋红、

第3章
创建和调整选区

高光、中间调和阴影等选项组成。

- 颜色容差：该选项与魔棒工具属性栏下的"容差"选项的功能一样，用于设置将要选取的颜色范围值，数值越大，选取的颜色范围也越大；数值越小，选择的颜色范围就越小，得到选区的范围就越小。也可通过拖动该选项下方滑动条上的滑块来调整数值的大小。
- 选择范围：选中该单选按钮后，在预览区中将以灰度显示选择范围内的图像，白色区域表示被选择的区域，黑色表示未被选择的区域，灰色表示选择的区域为半透明。
- 图像：选中该单选按钮后，在预览区内将以原图像的方式显示图像的状态。
- 选区预览：用于设置在图像窗口中选取区域的预览方式。其中"无"表示不在图像窗口中显示选取范围的预览图像；"灰度"表示在图像窗口中以灰色调显示未被选择的区域；"黑色杂边"表示在图像窗口中以黑色显示未被选择的区域；"白色杂边"表示在图像窗口中以白色显示未被选择的区域；"快速蒙版"表示在图像窗口中以蒙版颜色显示未被选择的区域。
- 反相：选中该复选框可实现预览图像窗口中选中区域与未选中区域之间的切换。
- 吸管工具组 ✐✐✐：✐工具用于在预览图像窗口中单击取样颜色，✐和✐工具分别用于增加和减少选择的颜色范围。
- 本地化颜色簇：选择该复选框后，拖动"范围"滑块可以控制要包含在蒙版中的颜色与起点的最大和最小距离。

课堂练习——制作蓝色星球效果

将提供的地球、星空、手掌图像素材通过椭圆选框工具和磁性套索工具，获取图像选区，然后将选区中的图像移动到星空图像中，需要综合运用创建图层、图像选区和移动图像等知识点，完成后的参考效果如图3-57所示（素材文件：素材\第3章\地球.jpg、星空.jpg、手掌.jpg；效果文件：效果\第3章\蓝色星球.psd）。

图3-57 蓝色星球画面效果

3.2 调整选区

在图像中创建好选区后，经常还需要对选区进行调整，包括取消选区、移动选区、变换选区和羽化选区等。本小节将讲解如何调整选区。

3.2.1 课堂案例——制作淘宝直通车广告

案例目标： 将提供的产品素材图像作为主要元素，放到画面中最为主要的位置，再通过与产品相匹配的背景色调，突出产品，让整个广告画面协调。在文字的制作上，要重点突出价格文字，以及赠品信息等，完成后的图像效果如图 3-58 所示。

知识要点： 椭圆选框工具的使用；羽化选区、变换选区；缩小并填充选区；渐变工具的设置；文字工具的使用。

素材文件： 素材 \ 第 3 章 \ 制作淘宝直通车广告 \ 吸尘器 .psd

效果文件： 效果 \ 第 3 章 \ 淘宝直通车广告 .psd

图 3-58 效果图

其具体操作步骤如下。

STEP 01 选择【文件】/【新建】命令，打开"新建"对话框，设置文件名称为"淘宝直通车广告"，图像宽度为800像素，高度为800像素，分辨率为72像素/英寸，如图3-59所示，单击"确定"按钮，新建图像文件。

STEP 02 单击工具箱底部的前景色图标，在打开的对话框中设置前景色为紫色"#51069d"，按【Alt+Delete】组合键填充背景，如图3-60所示。

视频教学
制作淘宝直通车广告

STEP 03 新建图层1，选择椭圆选框工具 ，在属性栏中设置"羽化"值为40像素，按住【Shift】键在图像中绘制一个正圆形选区，如图3-61所示。

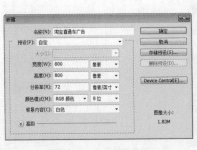

图 3-59 新建图像文件

图 3-60 填充背景颜色

图 3-61 绘制正圆形选区

STEP 04 设置前景色为深紫色"#1d0040"，按【Alt+Delete】组合键填充选区，得到羽化图像效果，再按【Ctrl+D】组合键取消选区，如图3-62所示。

STEP 05 设置"羽化值"为0，继续在图层1中按住【Shift】键在图像中绘制一个正圆形选区，如图3-63所示。

STEP 06 在保持选择椭圆选框工具的情况下，按键盘中的【←】和【↓】方向箭头，将选区移动到羽化图像的中间位置，如图3-64所示。

图3-62 填充选区

图3-63 绘制正圆形选区

图3-64 移动选区

STEP 07 设置前景色为紫色"#6301a3",填充选区,效果如图3-65所示。

STEP 08 选择【选择】/【变换选区】命令,选区四周将出现一个变换框,按住【Alt+Shift】组合键拖动变换框任意一角,沿中心缩小变换框,如图3-66所示。

STEP 09 在变换框中双击鼠标左键,确定变换,填充选区为较深一些的紫色"#590399",效果如图3-67所示。

图3-65 填充选区

图3-66 变换选区

图3-67 填充选区

STEP 10 继续执行【变换选区】命令,再次沿中心缩小选区,效果如图3-68所示。

STEP 11 将选区填充为较浅一些的紫色"#7300d1",再按【Ctrl+D】组合键取消选区,效果如图3-69所示。

STEP 12 打开"吸尘器.psd"素材图像,使用移动工具将其拖动到当前编辑的图像中,放到画面左侧,并为其添加适当的阴影与倒影效果,效果如图3-70所示。

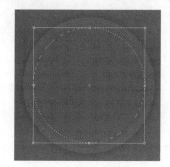

图3-68 缩小选区

图3-69 填充选区

图3-70 添加素材图像

45

STEP 13 新建图层，选择矩形选框工具，在画面底部绘制一个矩形选区，如图3-71所示。

STEP 14 选择渐变工具，单击属性栏左侧的渐变色条，打开"渐变编辑器"对话框，设置颜色从玫红色"#9c0dc7"到紫红色"#7a0fc7"，如图3-72所示。

STEP 15 在属性栏中选择渐变方式为"线性渐变"，在选区中从上到下应用线性渐变填充，效果如图3-73所示。

图3-71 绘制矩形选区　　　　　　图3-72 设置渐变填充　　　　　　图3-73 填充选区

STEP 16 选择【图层】/【图层样式】/【投影】命令，打开"图层样式"对话框，设置投影颜色为黑色，"角度"为-66度、"不透明度"为34%、"距离"为10像素、"大小"为5像素，如图3-74所示。

STEP 17 单击"确定"按钮，得到图像投影效果，如图3-75所示。

STEP 18 新建一个图层，选择椭圆选框工具，在图像右下方绘制一个正圆形选区，如图3-76所示。

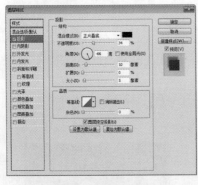

图3-74 设置投影样式　　　　　　图3-75 投影效果　　　　　　图3-76 绘制选区

STEP 19 将鼠标指针移至选区中间，按住鼠标左键将其移动到画面右下方，遮盖住半个矩形选区，并使用渐变工具对其应用线性渐变填充，设置颜色从玫红色"#9c0dc7"到紫红色"#7a0fc7"，如图3-77所示。

STEP 20 选择【选择】/【修改】/【边界】命令，打开"边界选区"对话框，设置参数为3像素，如图3-78所示。

STEP 21 单击"确定"按钮，得到边界选区，并将其填充为白色，如图3-79所示。

图3-77 填充选区

图3-78 设置边界选区

图3-79 填充选区

STEP (22) 选择矩形选框工具 ，在画面下方绘制一个较为细长的矩形选区，并将其填充为紫红色"#a60dc7"，如图3-80所示。

STEP (23) 选择横排文字工具，在画面下方的矩形图像和圆形图像中，分别输入广告文字，填充为黄色和白色，适当调整文字大小，设置为不同粗细的字体，如图3-81所示。

STEP (24) 继续在画面右上方输入文字，填充为白色，在属性栏中设置字体，并调整为不同的文字大小，如图3-82所示。

图3-80 绘制矩形选区

图3-81 输入文字

图3-82 输入文字

STEP (25) 新建一个图层，选择圆角矩形工具 ，在属性栏中选择绘制方式为路径，设置"半径"为50像素，在画面中绘制一个圆角矩形，如图3-83所示。

STEP (26) 按【Ctrl+Enter】组合键将路径转换为选区，使用渐变工具对其应用线性渐变填充，设置颜色从黄色"#fcf302"到橘黄色"#fea201"，如图3-84所示。

STEP (27) 选择横排文字工具在圆角矩形图像中输入文字，并在属性栏中设置字体为方正兰亭粗黑简体，填充为白色，如图3-85所示，完成本实例的制作。

图3-83 绘制圆角矩形

图3-84 渐变填充

图3-85 输入文字

3.2.2 全选和取消选择

要全部选择图像，可以选择【选择】/【全部】命令，或按【Ctrl+A】组合键选中整个图像，如图3-86所示。

在图像中创建选区后，选择【选择】/【取消选择】命令，或按【Ctrl+D】组合键即可取消选区。

图3-86 全选图像

3.2.3 移动和变换选区

移动与变换选区是对选区进行编辑的基本操作，用户可通过移动选区对选区范围进行调整，也可通过变换选区对选区的形状进行调整。

1. 移动选区

创建选区后可根据需要对选区的位置进行移动，其方法主要有以下两种。

● 使用鼠标移动：建立选区后，将鼠标指针移动至选区范围内，鼠标指针将变为 形状，按住鼠标左键不放进行拖动可以移动选区位置；在拖动过程中，按住【Shift】键不放可使选区沿水平、垂直或45° 斜线方向移动。

● 使用键盘移动：建立选区后，在键盘上按【↑】、【↓】、【←】和【→】键可以每次以1像素为单位移动选区；按住【Shift】键的同时按【↑】、【↓】、【←】和【→】键可以每次以10像素为单位移动选区。

2. 变换选区

选择【选择】/【变换选区】命令，可以对选区的大小进行调整，也可以对选区进行旋转等操作。常用编辑方法如下。

● 调整选区大小：选择【选择】/【变换选区】命令后，此时选区的周围出现一个矩形的控制框，将鼠标指针移至控制框上任意一个控制点上，当鼠标指针变成 形状时，拖动鼠标可调整选区大小，如图3-87所示，完成后按【Enter】键确认变换。

● 旋转选区：选择【选择】/【变换选区】命令后，将鼠标指针移至选区控制框角点附近，当鼠标指针变为 形状后，按住鼠标向顺时针或逆时针方向拖动可绕选区中心旋转，如图3-88所示，完成后按【Enter】键确认变换。

图3-87 调整选区大小

图3-88 旋转选区

3.2.4　边界选区

在制作一些描边效果时，通过在选区中添加选区的方法，重叠出一个合适的选区这样的操作很麻烦。此时，就可使用边界选区来对选区进行编辑。

在图像中创建一个选区，如图3-89所示，选择【选择】/【修改】/【边界】命令，可以将选区的边界向内部和外部扩展，扩展后的边界与原来的边界形成新的选区。在"边界选区"对话框中，"宽度"用于设置选区扩展的像素值，如将该值设置为40像素时，如图3-90所示，原选区会分别向内和向外扩展20像素，效果如图3-91所示。

图3-89　绘制选区　　　　　　　　图3-90　设置宽度　　　　　　　　图3-91　边界选区效果

3.2.5　平滑选区

平滑选区用于消除选区边缘的锯齿，使选区边界变得连续而平滑。在图像中绘制一个矩形选区，如图3-92所示，选择【选择】/【修改】/【平滑】命令，在打开的"平滑选区"对话框中的"取样半径"数值框输入平滑值，如图3-93所示，然后单击"确定"按钮即可，效果如图3-94所示。

图3-92　绘制选区　　　　　　　　图3-93　平滑半径　　　　　　　　图3-94　平滑选区效果

 提示 在使用魔棒工具或"色彩范围"命令获取图像选区时，往往得到的选区边缘较为生硬，这时就可以使用"平滑"命令，对选区边缘进行平滑处理。

3.2.6　羽化选区

通过使用羽化操作，可以使选区边缘变得柔和，在图像合成中常用于使图像边缘与背景色进行融合的场景。

在图像中创建选区，如图3-95所示，选择【选择】/【修改】/【羽化】命令或按【Shift+F6】组合键，将打开"羽化选区"对话框，在"羽化半径"数值框中输入羽化半径值，如图3-96所示，然后单击"确定"按钮，再在选区中填充颜色，即可看到羽化效果，如图3-97所示。

图3-95 绘制选区　　　　　　　　　　图3-96 设置羽化半径　　　　　　　　　图3-97 羽化选区效果

3.2.7　扩展与收缩选区

在建立选区后若是对选区的大小不满意，可以通过扩展和收缩选区的方法来进行调整，而不需要再次建立选区。下面分别介绍其具体使用方法。

1．扩展选区

扩展选区就是将当前选区按设定的像素值向外扩充。在图像中绘制选区，如图3-98所示，选择【选择】/【修改】/【扩展】命令，在打开的"扩展选区"对话框中的"扩展量"数值框输入扩展值，如图3-99所示，然后单击"确定"按钮即可扩展选区范围，效果如图3-100所示。

图3-98 绘制选区　　　　　　　　　图3-99 设置扩展量　　　　　　　　　图3-100 扩展选区效果

2．收缩选区

收缩选区是扩展选区的逆向操作，即选区向内进行缩小，选择【选择】/【修改】/【收缩】命令，在打开的"收缩选区"对话框中的"收缩量"数值框中输入收缩值，如图3-101所示，然后单击"确定"按钮即可收缩选区范围，效果如图3-102所示。

图3-101 设置收缩量　　　　　　　　　　图3-102 收缩选区效果

3.2.8　扩大选取与选取相似

"扩大选取"命令与"选取相似"都是用来扩展已有选区的命令,两个命令的用法相似,下面分别进行介绍。

1. 扩大选取

"扩大选取"命令在建立选区时会经常使用到,它和魔棒工具属性栏中的"容差"作用相同,可以扩大选择的相似颜色。其使用方法是:使用魔棒工具单击白云图像,建立选区,如图3-103所示,选择【选择】/【扩大选取】命令即可。图3-104所示为执行"扩大选取"命令后的效果。

图3-103　建立选区　　　　　　　　　　　　　　图3-104　扩大选取效果

2. 选取相似

"选取相似"命令的作用和"扩大选取"命令的作用基本相同。建立选区后,选择【选择】/【选取相似】命令,Photoshop会将图像上所有和选区相似的颜色像素选中。图3-105所示为选择部分花朵图像选区,图3-106所示为执行"选取相似"命令后的选区效果。

图3-105　建立选区　　　　　　　　　　　　　　图3-106　选取相似效果

3.2.9　存储和载入选区

在图像处理过程中,用户可以将所绘制的选区存储起来,当需要的时候再载入到图像窗口中,还可以将存储的选区与当前窗口中的选区进行运算,以得到新的选区。

1. 存储选区

在对选区进行存储后才能对选区进行载入。存储选区的方法很简单,选择选区后,选择【选择】/【存储选区】命令,打开"存储选区"对话框,如图3-107所示。在该对话框中可对需要存储的选区进行存储设置。

图3-107"存储选区"对话框

"存储选区"对话框中各选项作用如下。

● 文档：用于设置将存储到的文档，默认情况下选区将被保存在当前的图像中。若有需要，用户也可将选区保存到新建的文档中。

● 通道：用于设置将存储到的通道，默认情况下将保存到新建的通道。也可将其保存在图像的Alpha通道中。

● 名称：用于设置存储选区的名称。

● 操作：如果选择存储选区的图像中已经有了选区，则可在该选项栏中设置在通道中合并选区的方式。

2. 载入选区

若需要对已经存储的选区再次进行使用，可选择【选择】/【载入选区】命令，打开"载入选区"对话框，如图3-108所示。在该对话框中可将已存储的选区载入图像中。

图3-108"载入选区"对话框

"载入选区"对话框中各选项作用如下。

● 文档：用于选择载入已存储选区的图像。

● 通道：用于选择已存储选区的通道。

● 反相：选中该复选框，可反相选择存储的选区。

● 操作：若当前图像中已包含选区，在该选项栏中可设置合并载入选区的方式。

技巧　"载入选区"对话框中"操作"栏下的4个选项分别对应矩形选框、魔棒等选区工具属性栏中的按钮组，分别用来实现新建选区、合并选区、减去选区和交叉选区。

载入图像选区还有另一个方法：按住【Ctrl】键，单击该图像所在的图层，即可载入该图像选区，按【Ctrl+D】组合键可以取消选区。

课堂练习 ——制作漂流瓶

本练习主要巩固练习绘制选区、移动选区、羽化选区等操作。打开"素材\第3章\课堂练习\沙滩.jpg、瓶子.psd"图像，使用魔棒工具单击背景获取选区，再通过反选，将瓶子图像移动到沙滩图像中，再打开"素材\第3章\课堂练习\海边.jpg"图像，通过羽化选区操作将海滩图像添加到瓶身中，效果如图3-109所示（效果文件：效果\第3章\漂流瓶.psd）。

图3-109 漂流瓶效果图

疑难解答 可以在"通道"面板中直接存储和载入选区吗？

除通过"存储选区"对话框对选区进行存储外。用户还可在"通道"面板中单击"将选区存储为通道"按钮，将选区保存到 Alpha 通道中，如图3-110所示。要载入该选区，只需按住【Ctrl】键单击该通道即可。

图3-110 保存到通道的选区

3.3 上机实训——制作CD光盘封面

3.3.1 实训要求

某唱片公司录制了一盘以歌颂春天为主的民俗歌曲。本实训要求根据该主题制作出相应的CD封面效果图，色彩和素材的选择上都要体现出春意盎然的感觉，并且还需要制作出光盘特有的质感和立体感。

视频教学
制作 CD 光盘封面

3.3.2　实训分析

光盘封面的画面设计与其他设计不同的地方在于，光盘有特定的图形——圆形，并且中间有一部分为空白，所以在设计图案时，需要避开中间的空白图像，将主要元素分别放到光盘两侧，并想办法突出主题。

本例中的光盘内容是以歌颂春天为主的民俗音乐，所以特意选择了具有春天气息的绿色为主要色调，再在光盘周围添加了一些树叶图像，让画面充满春意盎然的感觉。在字体的设计上，采用较为古典的草书，并填充为深绿色，使其与画面色调及主题巧妙地融合在一起，本实训的参考效果如图 3-111 所示。

素材所在位置： 素材＼第 3 章＼上机实训＼绿色背景 .jpg、树叶 .psd
效果所在位置： 效果＼第 3 章＼CD 光盘 .psd

图 3-111　CD 光盘效果图

3.3.3　操作思路

完成本实训主要包括使用剪贴蒙版将图像添加到光盘中、绘制圆形图像，以及制作图像投影等4大步操作，其操作思路如图3-112所示。涉及的知识点主要包括椭圆选框工具的使用、"变换选区"命令的使用等。

图 3-112　操作思路

▶ 03 添加树叶图像　　　　　▶ 04 制作立体效果

图3-112　操作思路（续）

【步骤提示】

STEP 01　新建一个图像文件，将背景色填充为白色。

STEP 02　新建图层1，使用椭圆选框工具，按住【Shift】键绘制一个正圆形选区，填充为灰色。

STEP 03　打开"绿色背景.jpg"素材图像，使用移动工具将其拖动到白色背景中，选择【图层】/【创建剪贴蒙版】命令，将绿色背景置入到白色圆形中。

STEP 04　复制圆形选区，填充为白色，沿中心缩小图像。

STEP 05　适当降低白色圆形不透明度，再复制一次图层，并沿中心缩小图像，调整图层不透明度为100%。

STEP 06　保持选区状态，选择【选择】/【变换选区】命令，沿中心缩小选区，并按【Delete】键删除选区中的图像。

STEP 07　打开"树叶.psd"图像，使用移动工具将其拖动到当前编辑的图像中，放到圆形光盘上下两侧，使用【创建剪贴蒙版】命令，将其置入到光盘中。

STEP 08　选择横排文字工具输入文字，再对圆形光盘添加投影效果，完成本实例的制作。

3.4 课后练习

1. 练习1——添加图像投影

一些产品图在拍摄好照片后，都需要进行色调调整、修饰瑕疵等操作，为了更好地向客户展示，还经常会为产品添加一些投影效果，让图像产生立体感。本练习要求运用Photoshop中的选区工具，为蛋糕图像添加底座下方的投影图像，再在图像周围输入文字，得到完成的广告画面，完成后的效果如图3-113所示。

素材所在位置：素材 \ 第 3 章 \ 课后练习 \ 蛋糕 .psd、文字 .psd

效果所在位置：效果 \ 第 3 章 \ 蛋糕投影图 .psd

图3-113　蛋糕投影图

提示：制作时要注意素材图像与文字的排放位置，要突出主题，为蛋糕添加投影时，为了让投影轮廓与蛋糕图像底座图像一致，可以载入蛋糕图像选区，通过减选选区，得到底座选区效果。

2. 练习2——*制作"星空中的月亮"*

选区的绘制和选区的运算，是编辑选区必须掌握的一个技能，本练习将综合运用本章和前面所学知识，在提供的图像背景中，通过减选选区方式，绘制出月亮图像，再制作出周围的羽化效果，完成后的参考效果如图3-114所示。

素材所在位置：素材\第3章\课后练习\天空.jpg

效果所在位置：效果\第3章\星空中的月亮.psd

图3-114 星空中的月亮

第 4 章
绘制与修饰图像

在平面作品创作中，我们经常需要绘制图像和修饰图像，因此掌握绘图技术和图像修饰技术是非常必要的。Photoshop提供了很多绘图工具，如"画笔工具""钢笔工具"等，利用这些绘图工具不仅可以创建图像，还可以利用自定义的画笔样式和铅笔样式创建各种图形特效。修饰工具主要包括图章工具组、修复工具组、模糊工具组和减淡工具组。掌握这些工具的使用将有利于图像的后期处理，本章将详细介绍上述绘图与修饰工具的具体运用。

课堂学习目标

- 掌握图像的绘制方法
- 掌握渐变与填充图像的操作
- 掌握修复与修补图像的操作
- 掌握修饰与擦除图像的操作

课堂案例展示

绘制光芒图像

制作科技海报背景

4.1 绘制图像

　　工具箱中提供的画笔工具是图像处理过程中常用的绘图工具，常用来绘制边缘较柔和的线条，其效果类似于用毛笔画出的线条，也可绘制具有特殊形状的线条。

4.1.1 课堂案例——绘制光芒图像

　　案例目标：运用提供的素材，使用画笔工具制作出小女孩摘星的图像，完成后的参考效果如图4-1所示。

　　知识要点：画笔样式的选择；画笔面板的参数设置；使用画笔工具绘制图像。

　　素材文件：素材\第4章\绘制光芒图像\小女孩.jpg

　　效果文件：效果\第4章\绘制光芒图像.psd

图4-1 效果图

　　其具体操作步骤如下。

　　STEP 01 打开"小女孩.jpg"图像，单击"图层"面板底部的"创建新图层"按钮，"图层"面板将生成"图层1"，如图4-2所示。

　　STEP 02 单击工具箱下方的前景色图标，打开"拾色器（前景色）"对话框，设置前景色为淡黄色"#fff7d3"，如图4-3所示。

图4-2 创建新图层

图4-3 设置颜色

视频教学
绘制光芒图像

　　STEP 03 选择工具箱中的画笔工具，其工具属性栏如图4-4所示。

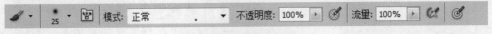

图4-4 "画笔工具"属性栏

　　STEP 04 单击属性栏左侧的"切换画笔面板"按钮，打开"画笔"面板，选择画笔样式为"柔角30"，再设置大小为8像素、间距为238%，如图4-5所示。

　　STEP 05 选择"画笔"面板左侧的"形状动态"选项，设置"大小抖动"参数为100%，如图4-6所示；再选择面板左侧的"散布"选项，设置散布参数为1000%，并选中"两轴"复选框，如图4-7所示。

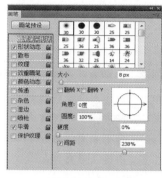
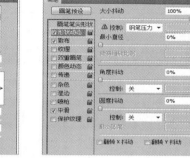

图4-5 选择画笔　　　　　　　图4-6 设置形状动态　　　　　　图4-7 设置散布选项

STEP 06 使用设置好的笔刷样式在小女孩手部挎着的篮子中按住鼠标左键拖动，绘制出较小的淡黄色光点图像，效果如图4-8所示。

STEP 07 继续使用画笔工具，在篮子内部和周围多次拖动鼠标，绘制出多个光点图像，效果如图4-9所示。

STEP 08 设置图层1的图层混合模式为"叠加"，得到的图像效果如图4-10所示。

图4-8 绘制光点图像　　　　　图4-9 绘制多个光点图像　　　　图4-10 设置图层混合模式

STEP 09 新建图层2，使用画笔工具，设置画笔大小为5像素，在天空中的每一个五角星周围都绘制出光点图像，如图4-11所示。

STEP 10 在"图层"面板中设置图层2的混合模式为"柔光"，效果如图4-12所示。

STEP 11 新建图层3，使用画笔工具，设置画笔大小为10像素，继续在天空中的五角星周围绘制少量的光点图像，效果如图4-13所示，完成本实例的制作。

图4-11 绘制五角星周围光点　　图4-12 设置图层混合模式　　　　图4-13 最终效果

4.1.2 画笔面板

在 Photoshop 中很多效果都需要用户手动绘制，而绘制图像一般都是通过"画笔"面板和画笔工具来完成的。在学习使用画笔工具前，用户需要掌握使用"画笔"面板设置画笔样式的方法，以保证用户能绘制出自己需要的图像样式。选择【窗口】/【画笔】命令，或按【F5】键，或先选择工具箱中的画笔工具，然后单击工具属性栏中的"切换画笔面板"按钮 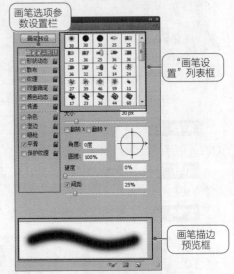，即可打开"画笔"面板，如图4-14所示。

"画笔"面板中各选项的作用介绍如下。

- "画笔设置"列表框：用于选择画笔的设置选项。呈选中状态表示该选项已启用。
- "锁定"/"未锁定"图标 🔒/🔓：出现 🔒 图标时表示该选项已被锁定，出现 🔓 图标时表示该选项未被锁定。单击 🔒 图标可在锁定状态和未锁定状态之间切换。
- 画笔选项参数设置栏：用于设置画笔的相关参数。
- 画笔描边预览框：用于显示设置各参数后，绘制画笔时将出现的画笔形状。

图4-14 "画笔"面板

- "显示画笔样式"按钮 ✏️：单击该按钮，在使用笔刷笔尖时，在画布中将显示笔尖的形状样式。
- "打开预设管理"按钮 ⬜：单击该按钮，可打开"预设管理器"对话框。
- "创建新画笔"按钮 🔲：单击该按钮，可将当前设置的画笔保存为一个新的预设画笔。

画笔预览列表框中列出了Photoshop CS5 默认的画笔样式，用户可以根据个人爱好设置符合自己要求的样式。

1. 设置画笔笔尖形状

选择"画笔"面板中的"画笔笔尖形状"选项，在其中可以对画笔的形状、大小、硬度等进行设置。

"画笔笔尖样式"选项面板中各选项作用如下。

- 大小：用于控制画笔的大小。
- 翻转：画笔翻转可分为水平翻转和垂直翻转，分别对应"翻转X"和"翻转Y"复选框，例如，对树叶状的画笔垂直翻转后的效果如图4-15所示。

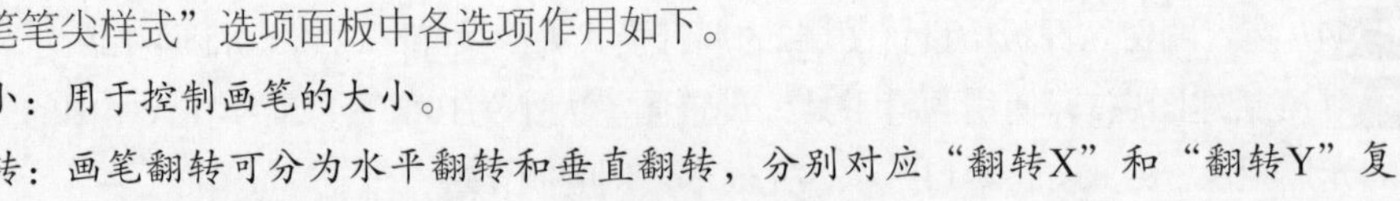

图4-15 垂直翻转前后树叶状画笔

- 角度：用于设置椭圆画笔与样本画笔的长轴在水平方向旋转的角度。
- 硬度：用来设置画笔绘图时的边缘晕化程度，值越大，画笔边缘越清晰，值越小则边缘越柔和。图4-16所示硬度分别为80%和30%时的画笔效果。

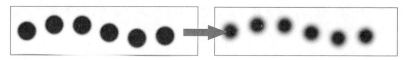

图4-16 硬度分别为80%和30%时的画笔效果

●圆度：用来设置画笔垂直方向和水平方向的比例关系，值越大，画笔趋于正圆显示，值越小则趋于椭圆显示。图4-17所示圆度分别为70%和10%时的画笔效果。

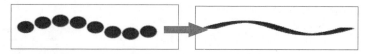

图4-17 圆度分别为70%和10%时的画笔效果

●角度：用来设置画笔旋转的角度，值越大，则旋转的效果越明显。图4-18所示为角度分别为0°和90°时的画笔效果。

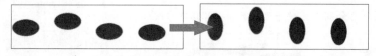

图4-18 角度分别为0°和90°时的画笔效果

●间距：用来设置连续运用画笔工具绘制时，前一个产生的画笔和后一个产生的画笔之间的距离，只需在"间距"数值框中输入相应的百分比数值即可，值越大，间距就越大。图4-19所示为间距分别为100%和150%的间距效果。

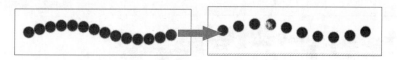

图4-19 间距分别为100%和150%的画笔效果

2. 设置形状动态画笔

通过为画笔设置形状动态效果，可以绘制出具有渐隐效果的图像，如烟雾的生成到渐渐消逝的过程、表现物体的运动轨迹等。选择"画笔"面板中的"形状动态"复选框后，此时的面板显示如图4-20所示。

"形状动态"选项面板中各选项作用如下。

●大小抖动/控制：用于设置画笔笔迹大小的改变方向。其中数值越大，画笔轮廓越不规则。其下方的"控制"下拉列表框用于设置"大小抖动"的方式。

●最小直径：设置大小抖动后，使用该选项可设置画笔笔迹缩放的最小缩放百分比。数值越小，直径越小。

●倾斜缩放比例：当"控制"设置为"钢笔斜度"时，该选项可设置旋转前应用于画笔高度的比例因子。

●角度抖动/控制：用于设置画笔笔迹的角度。

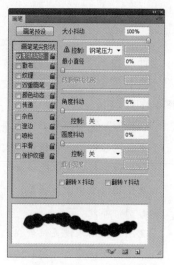

图4-20 "形状动态"选项面板

● 圆角抖动/控制/最小圆角：用于设置画笔笔迹的圆角在绘制时的变化方式。图4-21所示为设置最小圆角分别为0%和100%时的效果。

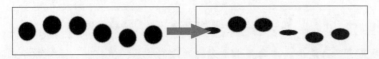

图4-21 最小圆角为0%和100%的画笔效果

3. 设置散布画笔

通过为画笔设置散布参数可以使绘制后的画笔图像产生随机分布的效果。选中"画笔"面板中的"散布"复选框后，此时的面板显示如图4-22所示。

"散布"选项面板中各选项作用如下。

● 散布：用来设置画笔散布的距离，值越大，散布范围越宽。图4-23所示为分别设置散布为100%和200%时的效果。

图4-23 散布为100%和200%时的效果

● 数量：用来控制画笔产生的数量，值越大数量越多。图4-24所示分别为数量为2和5时的效果。

图4-24 数量为2和5时的效果

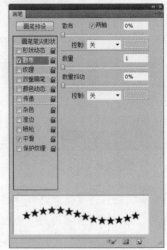

图4-22 "散布"选项面板

● 数量抖动/控制："数量抖动"用于设置画笔笔迹的数量如何对间距间隙产生影响。"控制"用于控制数量抖动的方式。

4. 设置纹理画笔

通过为画笔设置纹理可以使绘制后的画笔图像产生纹理效果。选中"画笔"面板中的"纹理"复选框后，此时的面板显示如图4-25所示。

"纹理"选项面板中各选项作用如下。

● 纹理缩略图列表框：单击纹理缩略图右侧的下拉按钮，在弹出的下拉列表中选择所需图案，即可将该图案设置为纹理。

● 反相：选中该复选框，可以根据图案中的色调反转纹理中的明暗部分。

● 缩放：用来设置纹理在画笔中的大小显示，值越大，纹理显示面积就越大。图4-26所示为分别设置缩放比为20%和150%

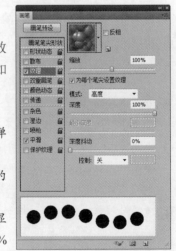

图4-25 "纹理"选项面板

时的效果。

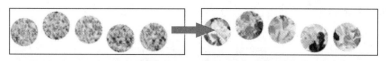

图4-26 缩放比为20%和150%时的效果

● 深度：用来设置纹理在画笔中溶入的深度，值越小，显示就越不明显。

● 深度抖动：用来设置纹理融入到画笔中的变化，值越大，抖动越强，效果越明显。

5. 设置双重画笔

设置双重画笔可以使绘制后的画笔图像中具有两种画笔样式的融入效果。图4-27所示为"双重画笔"选项面板。

可先在"画笔笔尖形状"选项面板中设置主画笔的画笔参数。再选双重画笔复选框，然后在"双重画笔"选项面板中选择第二种画笔。该选项面板中的参数与其他选项面板中参数基本相同，如果想得到更好的效果，可在"模式"下拉列表框中为主画笔和第二画笔设置混合模式。

6. 设置颜色动态画笔

通过为画笔设置颜色动态，可以使绘制后的画笔图像在两种颜色之间产生渐变过渡，图4-28所示为"颜色动态"选项面板。

图4-27 "双重画笔"选项面板

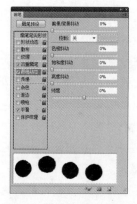

图4-28 "颜色动态"选项面板

"颜色动态"选项面板中各选项作用如下。

● 前景/背景抖动/控制：用于设置前景色和背景色之间的油彩变化方式。数值越小，变化后的颜色越接近前景色。数值越大，变化后的颜色越接近背景色。图4-29所示为设置前景色和背景色后，再设置前景/背景抖动后的效果。

图4-29 设置前景/背景抖动的效果

●色相抖动：设置颜色变化范围。数值越大，笔迹颜色越丰富。数值越小，颜色越接近前景色。图4-30所示为色相抖动为10%和100%的效果。

图4-30 色相抖动为10%和100%的效果

●饱和度抖动：用于设置颜色饱和度的变化范围。数值越大，颜色饱和度越低。数值越小，颜色饱和度越高。

●亮度抖动：用于设置颜色的亮度变化范围。数值越大，颜色亮度越低。数值越小，颜色亮度越高。

●纯度：用于设置颜色的纯度变化范围。数值越小，笔迹的颜色越接近黑白色。数值越大，笔迹的颜色饱和度越高。

7. 设置传递画笔

在"传递"选项面板中可对笔迹的不透明度、流量、湿度、混合等抖动参数进行设置。图4-31所示为"传递"选项面板。

8. 设置其他画笔

其他画笔设置包括杂色、湿边、喷枪、平滑和保护纹理，只须选中对应的复选框即可，这些选项都没有参数控制，只是在画笔中产生相应的效果而已。

●杂色：用于为一些特殊的画笔增加随机效果。

●湿边：用于在使用画笔绘制笔迹时增大油彩量，从而产生水彩效果。

●喷枪：用于模拟喷枪效果，使用时根据鼠标的单击程度来确定画笔线条的填充量。

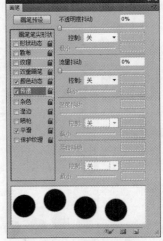

图4-31 "传递"选项面板

●平滑：使用画笔绘制笔迹时产生平滑的曲线。若是使用压感笔作画，该选项效果更为明显。

●保护纹理：用于将相同图案和缩放应用到具有纹理的所有画笔预设中。使用多种纹理画笔时使用该选项，则可绘制出统一的纹理效果。

4.1.3 画笔预设面板

"画笔预设"面板中提供了各种预设的画笔。在其中可以定义画笔大小、形状样式和硬度等特性。使用绘图或修饰工具时，如果要选择一个预设的笔尖样式，并只需要调整画笔的大小，可选择【窗口】/【画笔预设】命令，打开"画笔预设"面板进行设置，如图4-32所示。

在面板中选择一个笔尖样式，拖动"大小"滑块可以调整笔尖大小。当选择毛刷笔尖样式后，可以绘制出逼真的、带有纹理的笔刷效果，单击面板底部的　　按钮，画面左上方会出现一个笔刷窗口，显示该画笔的具体样式，如图4-33所示；拖动笔刷进行绘制，可以显示笔尖运行的方向，如图4-34所示。

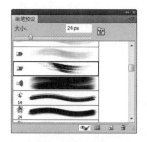

图4-32 "画笔预设"面板

图4-33 显示画笔笔刷样式

图4-34 笔刷动态

4.1.4 画笔工具

使用画笔工具 ✐绘图实质就是使用某种颜色在图像中进行颜色填充，在填充过程中不但可以不断调整画笔笔头大小，还可以控制填充颜色的透明度、流量和模式。在工具箱中选择画笔工具 ✐，将显示如图4-35所示的画笔工具属性栏。

图4-35 "画笔工具"属性栏

"画笔工具"属性栏中各选项作用如下。

● "画笔预设"按钮 ：单击 按钮，在打开的画笔预设下拉列表中可以设置笔尖、画笔大小和硬度。

● 模式：用于设置绘制图像与下方图像像素的混合模式。图4-36所示为使用"溶解"混合模式的效果；图4-37所示为使用"叠加"混合模式的效果。

图4-36 "溶解"混合模式

图4-37 "叠加"混合模式

● 不透明度：用于设置画笔绘制出的笔触的不透明度。数值越高，笔触越明显，如图4-38所示。数值越低，笔触越接近透明，如图4-39所示。

图4-38 不透明度100%

图4-39 不透明度30%

● 流量：用于控制鼠标移动到图像中时应用颜色的速率。在绘制图像的过程中，不断使用鼠标在同一区域中进行涂抹将增加该区域的颜色深度。

- "喷枪工具"按钮 ：单击该按钮，启动喷枪功能。Photoshop将根据鼠标左键的单击次数来确定画笔笔迹的深浅。关闭喷枪模式后，一次单击只能绘制一个笔迹。开启喷枪模式后，一直按住鼠标，将持续绘制笔迹。
- "绘图板压力控制大小"按钮 ：单击该按钮，使用压感笔时，压感笔的即时数据将自动覆盖"不透明度"和"大小"设置。

4.1.5 铅笔工具

铅笔工具中的所有选项与画笔工具相同，用铅笔工具绘制的图形都比较生硬，不像画笔工具那样平滑柔和。在铅笔工具属性栏中，增加了"自动抹除"复选框，当选中该复选框后，铅笔工具可当作橡皮擦来擦除图像。使用铅笔工具可创建出硬边的曲线或直线，笔触的颜色为前景色。其属性栏如图4-40所示。

图4-40 "铅笔工具"属性栏

 提示 选中"自动抹除"复选框后，将鼠标指针的中心放在包含前景色的区域上，可将该区域涂抹为背景色。如果鼠标指针放置的区域不包括前景色区域，则可将该区域涂抹成前景色。

4.1.6 历史记录画笔工具

历史记录画笔工具 用于还原某一图像区域或某一步的操作。该工具可以与"历史记录"面板一起使用，它可将标记的历史记录状态或快照作为源数据对图像进行修改。其中工具属性栏中的选项作用与"画笔工具"相同。

历史记录画笔工具的操作方法很简单，打开"素材 \ 第 4 章 \ 彩色铅笔 .psd"图像，如图 4-41 所示，按【Shift+Ctrl+U】组合键为图像去色，如图 4-42 所示，选择【窗口】/【历史记录】命令，打开"历史记录"面板，如图 4-43 所示。

图4-41 素材图像

图4-42 为图像去色

图4-43 "历史记录"面板

在"历史记录"面板中可以看到编辑图像的步骤，需要恢复到哪个步骤就在该操作步骤前单击，所选步骤前面会显示历史记录画笔的源图标 ，如图4-44所示。使用历史记录画笔工具 涂抹图像中的铅笔笔尖和部分铅笔图像，可将该部分图像恢复到通过复制的图层时的状态，即彩色图像状态，如图4-45所示。

图4-44 选择步骤

图4-45 涂抹图像

疑难解答 | 如何载入和使用外部画笔？

在 Photoshop 中用户除可使用预置的画笔外，还可在网络上下载一些别人已经编辑好的画笔。首先将下载的外部画笔放到安装程序：Photoshop CS5/Presets/Brushes 中，然后打开"画笔预设"面板，单击面板右上方的 按钮，在弹出的菜单中选择"载入画笔"命令，如图 4-46 所示，打开"载入"对话框，选择所需的画笔，单击"载入"按钮，即可将画笔载入到面板中。使用外部画笔的方法与使用预设画笔方法一致，选择该画笔，调整各项参数即可。

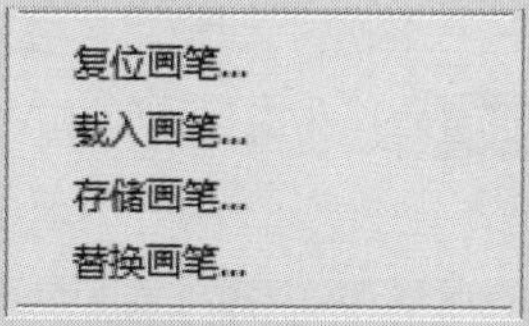

复位画笔...
载入画笔...
存储画笔...
替换画笔...

图4-46 载入画笔菜单

课堂练习 ——绘制播放器背景

本次课堂练习将在一个蓝色渐变背景中，使用画笔工具绘制出大小不一且分散的圆点图像，并设置图层样式为"滤色"，再打开"素材\第4章\课堂练习\播放器.psd"图像，将播放器图像放到背景中，适当缩小画笔，在播放器周围再绘制小部分圆点图像，参考效果如图4-47所示（效果文件：效果\第4章\播放器背景.psd）。

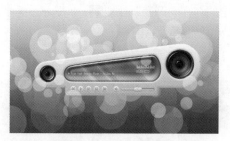

图4-47 绘制播放器背景

4.2 渐变与填充图像

Photoshop为图像提供了单色填充和渐变填充两种颜色填充方式，用户可以根据需要选择填充方式，单色填充较单一简洁，渐变填充是有颜色过渡效果的填充方式，通过使用渐变颜色可以让图像看起来更加地自然、柔和。

4.2.1 课堂案例——绘制彩虹

案例目标：运用提供的素材，通过合成图像和渐变填充，制作出雨后彩虹的效果图，完成后的参考效果如图 4-48 所示。

知识要点："渐变编辑器"对话框中的颜色设置；渐变颜色的填充；使用画笔工具绘制图像。

素材文件：素材 \ 第 4 章 \ 绘制彩虹 \ 大树 .jpg

效果文件：效果 \ 第 4 章 \ 绘制彩虹 .psd

图 4-48 效果图

其具体操作步骤如下。

STEP 01 打开"大树.jpg"图像，单击"图层"面板底部的"创建新图层"按钮 ，"图层"面板将生成"图层1"，如图4-49所示。

STEP 02 选择工具箱中的矩形选框工具 ，在画面中绘制一个矩形选区，如图4-50所示。

视频教学
绘制彩虹

图 4-49 新建图层

图 4-50 绘制选区

STEP 03 选择渐变工具 ，单击属性栏左侧的"渐变色条" 按钮，打开"渐变编辑器"对话框，选择"透明彩虹渐变"样式，并将上下两侧的色标都移动到右侧，如图4-51所示。

STEP 04 单击属性栏中的"径向渐变"按钮 ，在选区中间按住鼠标左键向外侧拖动，如图4-52所示，得到渐变填充效果，如图4-53所示。

图 4-51 设置渐变颜色

图 4-52 拖动鼠标

图 4-53 渐变填充

STEP 05 按【Ctrl+D】组合键取消选区，选择橡皮擦工具 ，在属性栏中设置画笔样式为"柔边圆"，大小为200像素，不透明度为80%，对彩虹图像两侧的底部做适当的擦除，如图4-54所示。

STEP 06 按【Ctrl+T】组合键适当调整彩虹图像大小，如图4-55所示。

图4-54 擦除图像

图4-55 调整图像大小

STEP 07 在"图层"面板中将图层1的"不透明度"设置为30%，得到透明彩虹图像效果，如图4-56所示。

STEP 08 使用移动工具将彩虹图像移动到天空图像中间，再使用橡皮擦工具对透明彩虹图像做适当的擦除，得到更加真实的彩虹效果，如图4-57所示，完成本实例的制作。

图4-56 调整图像不透明度

图4-57 最终效果

4.2.2 渐变工具

渐变是指两种或多种颜色之间的过渡效果，在Photoshop CS5中包括了线性、径向、角度对称、对称和菱形等5种渐变方式，对应的效果如图4-58所示。

图4-58 5种渐变方式

单击工具箱中的渐变工具，其工具属性栏如图4-59所示，其中各选项的含义如下。

图4-59 "渐变工具"属性栏

- 渐变颜色条：用于显示当前选择的渐变颜色。单击其右边的按钮，弹出如图4-60所示的渐变下拉面板，其中提供了Photoshop预设的渐变样式。

- 渐变样式：用于设置绘制渐变的样式。单击"线性渐变"按钮，可绘制以直线为起点和终点的渐变；单击"径向渐变"按钮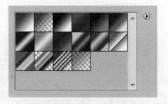，可绘制从起点到终点的圆形渐变；单击"角度渐变"按钮，可创建围绕起点以逆时针方向为终点的渐变；单击"对称渐变"按钮，可创建匀称的线性渐变；单击"菱形渐变"按钮，可创建从起点到终点的菱形渐变。

图4-60 渐变下拉面板

- 模式：用于设置渐变颜色的混合模式。
- 不透明度：用于设置渐变颜色的不透明度。
- 反向：选中该复选框，将改变渐变颜色的颜色顺序。图4-61和图4-62所示为选中该复选框和取消选中该复选框的效果。

图4-61 使用反向渐变填充效果

图4-62 未使用反向渐变填充的效果

- 仿色：选中该复选框，可以使渐变颜色过渡得更加自然。
- 透明区域：选中该复选框，可以创建包含透明像素的渐变。

 提示 设置好渐变颜色和渐变模式等参数后，将鼠标指针移到图像窗口中适当的位置处，单击并拖动到另一位置后释放鼠标即可进行渐变填充，拖动的方向和长短不同，得到的渐变效果也不相同。

Photoshop为用户提供了不同渐变样本，但却不能完全满足绘图的需要，这时就需要用户自己设置渐变样本。在Photoshop中要编辑渐变样本只能在"渐变编辑器"对话框中进行，单击渐变工具对应工具属性栏中的渐变色条，即可打开如图4-63所示的"渐变编辑器"对话框。

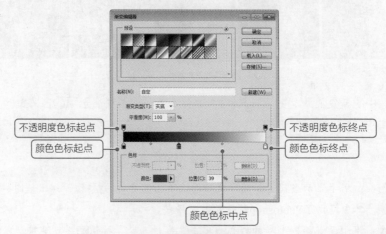

图4-63 "渐变编辑器"对话框

"渐变编辑器"对话框中各选项作用如下。

● 预设列表框：用于显示Photoshop预设的渐变效果。单击 █ 按钮，在弹出的菜单中可选择
Photoshop预设的渐变库。

● 名称：用于显示当前渐变色的名称。

● 渐变类型：用于设置渐变的类型，其中"实底"是默认的渐变效果；"杂色"包含了制定范
围内随机分布的颜色，其颜色变化更加丰富。

● 平滑度：用于设置渐变色的平滑程度。

● 不透明度色标：使用鼠标拖动可以调整不透明度
在渐变色上的位置。此外，选择色标后，在"色
标"选项组可精确设置色标的不透明度和位置。

● 颜色色标：使用鼠标拖动可以调整颜色在渐变色
上的位置，双击该色标，可以打开"选择色标颜
色"对话框设置颜色，如图4-64所示。另外，在
"色标"选项组中也可以精确设置色标的位置和
颜色。

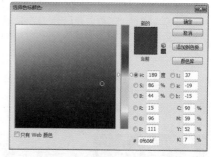

图4-64 "选择色标颜色"对话框

● 颜色色标中点：用于设置当前颜色色标的中心点位置。

● 删除：单击该按钮，可删除不透明度色标或颜色色标。

疑难解答 | 如何控制渐变线的范围？

　　在画面中填充渐变色时，拖动的渐变线长
度代表了颜色渐变的范围，这个范围指的是"颜
色渐变"的范围。这就是为什么在实际操作中，
有时渐变线并没有贯穿整幅图像，而它所产生的
渐变却填充了整个画面。

单绿色　　　　渐变区域　　　　单蓝色

4.2.3 油漆桶工具

油漆桶工具用来对图像区域和选区进行填充图像或图案，单击工具箱中的油漆桶工具 ，然后在
要填充区域单击即可，其对应的工具属性栏如图4-65所示。

图4-65 "油漆桶工具"属性栏

"油漆桶工具"属性栏各选项含义如下。

● 前景：用来设置填充的内容，系统默认为前景色，也可在下拉列表中选择图案。当设置填充
内容为图案后，工具属性栏中的 █ 选项变为可用，单击其右侧的下拉按钮，可在弹出的下拉
列表框中选择一种图案作为填充图案。

● 容差：用来设置填充时的范围，该值越大，填充的范围就越大。

● 消除锯齿：当选中该复选框后，填充图像后的边缘会尽量平滑。

● 连续的：当选中该复选框后，填充时将填充与单击处颜色一致且连续的区域。

● 所有图层：当选中该复选框后，填充时将应用填充内容到所有图层中相同的颜色区域。

使用红色前景色和系统默认图案在图4-66所示的图像区域单击进行填充，填充后的效果分别如图4-67和图4-68所示。

图4-66 填充前的效果

图4-67 红色填充

图4-68 图案填充

课堂练习——绘制科技海报背景

本次课堂练习使用渐变工具和油漆桶工具为图像填充颜色。首先使用渐变工具在背景中应用从深蓝色到蓝色的线性渐变填充，再新建图层绘制几个椭圆选区，使用油漆桶工具将其填充为白色，适当降低其透明度，得到透明图像。再打开"素材\第4章\课堂练习\彩色光圈.psd、星球.psd"图像文件，将素材图像放到背景中，最后输入文字，参考效果如图4-69所示（效果文件：效果\第4章\科技海报背景.psd）。

图4-69 制作科技海报背景

4.3 修复与修补图像

在拍摄人像或景物时，常会因为环境杂乱、拍摄抖动等各种原因，影响出片效果。Photoshop作为一款强大的图像处理软件，自身也携带了很多修复照片的工具，如仿制图章工具、污点修复工具、修复画笔工具、修补工具和红眼工具等。这些工具的使用方法很简单，对专业图像处理人员和图像处理爱好者来说非常实用。

4.3.1　课堂案例——清除多余的图像

案例目标：提供的儿童人物照片素材手中有一个多余的物品，添加在画面中显得格格不入，通过修复和复制等操作，将人物手中的纸质图像删除。在制作过程中要注意对周围图像的选择性复制。完成后的图像效果如图 4-70 所示。

知识要点：修复画笔工具的使用；仿制图章工具的使用；调整图像的亮度、色彩平衡。

素材文件：素材 \ 第 4 章 \ 清除多余的图像 \ 油菜地里的女孩 .jpg

效果文件：效果 \ 第 4 章 \ 清除多余的图像 .psd

图 4-70　效果图

其具体操作步骤如下。

STEP 01 打开"油菜地里的女孩.jpg"图像，按【Ctrl+J】组合键复制一次背景图层，得到图层1，如图4-71所示。

STEP 02 选择缩放工具，在人物手部图像周围按住鼠标左键拖动，绘制一个方框，放大该部分区域，如图4-72所示。

图 4-71　复制图层

图 4-72　放大图像

视频教学
清除多余的图像

STEP 03 选择修复画笔工具，单击属性栏左侧的 按钮，在打开的面板中设置"大小"为150像素、"硬度"为30%，如图4-73所示。

STEP 04 按住【Alt】键单击纸质图像右侧的绿色植物图像，进行取样，如图4-74所示。

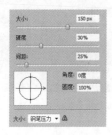

图 4-73　效果图

图 4-74　取样图像

STEP 05 取样后，对纸质图像进行涂抹，如图4-75所示，一边涂抹一边进行新的取样，取样范围为纸质图像周围类似的场景，如图4-76所示。

图4-75 涂抹图像

图4-76 继续涂抹图像

STEP 06 选择仿制图章工具 🖳 ，在属性栏中设置画笔为柔角，大小为125px（像素），如图4-77所示。

STEP 07 按住【Alt】键单击绿色植物图像进行取样，然后单击没有遮盖完颜色的图像区域，将复制的绿色植物图像覆盖到该区域中，如图4-78所示。

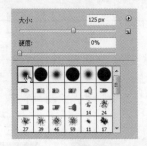

图4-77 设置画笔样式

图4-78 取样并复制图像

🎯 **提示** 仿制图章工具与修复画笔工具都可以起到复制图像进行修复的作用，但仿制图章工具复制的图像边缘显得更生硬，不能与周围图像自然融合；而修复画笔工具能够过渡的更加自然。

STEP 08 选择【图像】/【调整】/【亮度/对比度】命令，打开"亮度/对比度"对话框，适当增加图像亮度，降低对比度，如图4-79所示。

STEP 09 单击"确定"按钮，得到调整亮度后的图像效果，如图4-80所示。

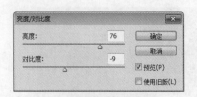

图4-79 调整图像亮度和对比度

图4-80 调整亮度后的图像效果

STEP 10 选择【图像】/【调整】/【色彩平衡】命令，打开"色彩平衡"对话框，首先选中"阴影"单选按钮对阴影颜色参数进行调整，适当增加图中的青色和蓝色，如图4-81所示，再分别调整"中间调"和"高光"颜色参数，如图4-82和图4-83所示。

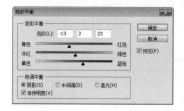

图4-81 调整"阴影"

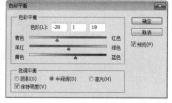

图4-82 调整"中间调"

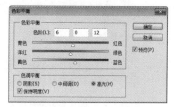

图4-83 调整"高光"

STEP 11 单击"确定"按钮，得到调整后的图像效果，如图4-84所示，完成本实例的制作。

图4-84 最终效果

4.3.2 图章工具

复制图像可以使用图章工具组，该组由仿制图章工具和图案图章工具组成，可以使用颜色或图案填充图像或选区，以得到图像的复制或替换。下面将分别介绍这两种工具的使用方法及主要参数设置。

1. 仿制图章工具

仿制图章工具可将图像的一部分复制到同一图像的另一位置。仿制图章工具在复制图像或修复图像时经常使用到。选择仿制图章工具，将显示图4-85所示的工具属性栏。

图4-85 "仿制图章工具"属性栏

"仿制图章工具"属性栏中各选项作用如下。

● "切换画笔面板"按钮：单击该按钮，打开"画笔"面板。

● "切换仿制源面板"按钮：单击该按钮，打开"仿制源"面板。

● 对齐：选中该复选框，可对连续的颜色像素进行取样。释放鼠标时，也不会影响到取样点。

● 样本：用于指定从什么图层中进行取样。

在属性栏中设置适合的画笔大小，按住【Alt】键，此时鼠标指针变成在中心带有十字准心的圆圈，单击图像中选定的位置，如图4-86所示，即在原图像中确定要复制的参考点，这时光标将变成空心圆圈。将鼠标指针移动到图像的其他位置单击，此单击点对应前面定义的参考点。按住鼠标左键反复拖动，即可将参考点周围的图像复制到单击点周围，如图4-87所示。

图4-86 取样图像

图4-87 复制图像

2. 图案图章工具

图案图章工具![icon]的作用和仿制图章工具类似，只是图案图章工具并不需要建立取样点。使用该工具可以将Photoshop CS5自带的图案或自定义的图案填充到图像中，就相当于使用画笔工具绘制图案。选择图案图章工具![icon]，其工具属性栏如图4-88所示。

图4-88 "图案图章工具"属性栏

"图案图章工具"属性栏中各选项作用如下。

● 对齐：选中该复选框，可让绘制的图像与原始起点图像连续，即使多次单击也不会影响这种连续性。

● 印象派效果：选中该复选框，可以模拟出印象派绘画的效果。

打开"素材\第4章\水果.jpg"图像，选择图案图章工具![icon]，在属性栏中单击![icon]按钮右侧的![icon]按钮，将弹出图案样式面板，如图4-89所示，单击面板右上方的![icon]按钮，打开图4-90所示的快捷菜单。选择一种样式后，在图像中涂抹即可，效果如图4-91所示。

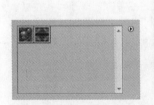

图4-89 图案面板　图4-90 快捷菜单

图4-91 使用图案涂抹图像背景

4.3.3　污点修复画笔工具

污点修复画笔工具![icon]主要用于快速修复图像中的斑点或小块杂物等，在处理人像时经常会使用到。污点修复画笔工具会根据被修复图像区域周围的颜色，调整修复图像区域的颜色、阴影、透明度等。选择污点修复画笔工具![icon]，将显示图4-92所示的工具属性栏。

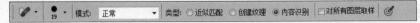

图4-92 "污点修复画笔工具"属性栏

"污点修复画笔工具"属性栏中各选项作用如下。

- 模式：用于设置修复图像时使用的混合模式。
- 类型：用于设置修复方式。选中"近似匹配"单选按钮，可使用选区周围的像素来查找要作为选定区域修补的图像区域；选中"创建纹理"单选按钮，可使用选区中所有像素创建一个用于修复该区域的纹理；选中"内容识别"单选按钮，可使用选区周围的像素进行修复。
- 对所有图层取样：选中该复选框，在编辑多个图层的图像时，可以对所有可见图层中的数据进行取样。

打开"素材\第4章\雀斑.jpg"图像，如图4-93所示，选择污点修复画笔工具 ，在属性栏中设置画笔大小为50像素、硬度为60%，在人物面部右侧的雀斑图像中单击并进行涂抹，如图4-94所示，系统会自动在单击处取样图像，将取样的图像平均处理后填充到单击处，即完成对该处雀斑的去除，再使用相同的方法在其他雀斑图像处单击进行修复，修复效果如图4-95所示。

 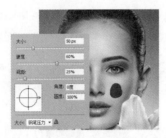 

图4-93 雀斑图像　　　　　图4-94 修复雀斑　　　　　图4-95 修复效果

4.3.4　修复画笔工具

使用修复画笔工具 可以用图像中与被修复区域相似的颜色去修复破损图像，其使用方法与仿制图章工具完全一样。修复画笔工具在对图像进行修复时也会根据被修复区域周围的颜色像素对被取样点的透明度、颜色、明暗来进行调整，这样修复出的图像效果更加柔和。选择修复画笔工具，将显示图4-96所示的工具属性栏。

图4-96 "修复画笔工具"属性栏

"修复画笔工具"属性栏中各选项作用如下。

- 模式：用于设置修复图像的混合模式。
- 源：用于设置修复的图像来源。选中"取样"单选按钮，可直接从图像上取样复制图像；选中"图案"单选按钮，可在其后方的图案下拉列表中选择一个图样为取样来源。

4.3.5　修补工具

修补工具 可用指定的图像像素或图案修复所选区域中的图像。选择修补工具 ，将显示图4-97所示的工具属性栏。

图4-97 "修补工具"属性栏

"修补工具"属性栏中各选项作用如下。

- 按钮：与选框工具中的属性栏属性一致，使用方法也一样，可以在绘制选区的过程中添加、减去和相交选区。

- 修补：用于设置修补方法。其中选中"源"单选按钮，将使用当前鼠标指针拖动位置处的图像修补原来选中区域中的内容，图4-98所示为图像左边创建一个空白选区之后将选区移动到右边桃花图像时，原来的空白内容被替换为桃花图像；选中"目标"单选按钮，会将选中的图像复制到目标区域，图4-99所示为在左边空白区域中建立选区之后将选区移动到右边桃花图像上，此时，空白区域被复制到桃花图像上面。

- 透明：选中该复选框，可以使修复的图像区域与原始的图像区域叠加产生透明感，如图4-100所示。

- 使用图案：使用修补工具创建选区后，在图案下拉列表中选择一种图案，再单击"使用图案"按钮，可使用图案对选区中的图像进行修补，如图4-101所示。

 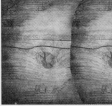  

图4-98 "源"效果　　　　图4-99 "目标"效果　　　图4-100 "透明"修复效果　　　图4-101 使用图案修补

> 提示　使用矩形选框工具、魔棒或套索等选区工具创建选区后，也可以用修补工具拖动选中的图像进行修补。

4.3.6　红眼工具

红眼工具 可以快速去除照片中人物眼睛中由于闪光灯引发的红色、白色或绿色反光斑点。

打开"素材\第4章\红眼.jpg"图像，选择红眼工具 ，在工具属性栏中设置"瞳孔大小"和"变暗量"参数都为50%，如图4-102所示，将鼠标指针移到人物右眼中的红斑处单击，即可去除该处的红眼，如图4-103所示，继续在人物左眼红斑处单击，以去掉该处的红眼，效果如图4-104所示。

图4-102 设置参数　　　　图4-103 单击修复红眼　　　　图4-104 修复效果

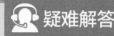**疑难解答**

修复图像时光标中心的十字线有什么用处？

使用仿制图章工具和修复画笔工具时，按住【Alt】键在图像中单击取样图像后，将光标放到其他位置，拖动鼠标进行涂抹的同时，画面中会出现一个圆形光标和一个十字形光标，圆形光标是正在涂抹的区域，而该区域的内容是从十字光标所在位置的图像上复制的。在操作时，两个光标始终保持相同的距离，只要观察十字形光标位置的图像，便可进行正确涂抹。

课堂练习——修复人物面部皱纹

打开"素材\第4章\课堂练习\老年人.psd"图像文件，利用修复画笔工具和修补工具，对眼部周围较好的皮肤区域进行取样，并将其复制到眼部皱纹中，再配合仿制图章工具对其他周围图像进行修复，前后对比效果如图4-105所示（效果文件：效果\第4章\修复人物面部皱纹.psd）。

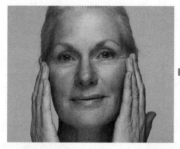 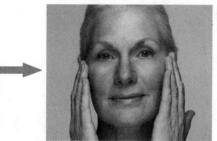

图4-105 修复人物面部皱纹

4.4 局部修饰图像

对图像做局部修饰可以使用模糊工具组实现，该工具组主要由模糊工具、锐化工具和涂抹工具组成，用于降低或增强图像的对比度和饱和度，使图像变得模糊或更清晰，甚至还可以生成色彩流动的效果。

4.4.1 课堂案例——处理风景画

案例目标：将一张风景画处理出清晰和模糊的前后对比关系，让画面更加有层次感，完成后的参考效果如图4-106所示。

知识要点：模糊工具的使用；锐化工具的使用；图像颜色、亮度的调整。

素材文件：素材\第4章\处理风景画\风景.jpg

效果文件：效果\第4章\处理风景画.psd

图4-106 风景画效果

其具体操作步骤如下。

STEP 01 打开"风景.jpg"图像，选择【图像】/【调整】/【亮度/对比度】命令，打开"亮度/对比度"对话框，增加亮度为50，如图4-107所示。

STEP 02 单击"确定"按钮，得到调整亮度后的风景图像效果，如图4-108所示。

视频教学
处理风景画

图4-107 调整图像亮度　　　　　　　图4-108 调整亮度后的图像效果

STEP 03 选择【图像】/【调整】/【自然饱和度】命令，打开"自然饱和度"对话框，增加图像饱和度，如图4-109所示。

STEP 04 选择模糊工具，在其工具属性栏中设置画笔大小为900像素、"强度"为100%，对风景中的草地图像做反复地涂抹，得到模糊的图像效果，如图4-110所示。

STEP 05 选择锐化工具，在其工具属性栏中设置画笔大小为800像素、"强度"为50%，对两侧的树叶和树干等图像做反复地涂抹，得到更加清晰的图像效果，如图4-111所示。

图4-109 增加图像饱和度　　　　　图4-110 模糊图像效果　　　　　图4-111 锐化图像效果

4.4.2　模糊和锐化工具

模糊工具可柔滑图像的边缘和图像中的细节；锐化工具可以增强图像与相邻像素之间的对比度。使用这两种工具以后，在图像中单击并拖动鼠标涂抹即可处理图像。

使用模糊工具时，如果反复涂抹图像上的同一区域，将会使该区域图像变得更加模糊；使用锐化工具反复涂抹同一区域，则会使其变得更加清晰，甚至失真。这两个工具的属性栏基本相同，如选择锐化工具，其工具属性栏如图4-112所示。

图4-112 "锐化工具"属性栏

"锐化工具"属性栏中各选项作用如下。

● 模式：用于设置模糊后的混合模式。

● 强度：用于设置模糊的强度。

● 保护细节：选择该复选框，可以增强细节，弱化不自然感。如果要产生更夸张的锐化效果，
应取消选中该复选框。

 提示 锐化工具对应属性栏中的"画笔"大小可根据要锐化的图像区域大小来设置，"强度"值可先设置小一些，以防止锐化过度。

4.4.3 减淡和加深工具

减淡工具用于为图像的局部颜色降低颜色对比度、中性调、暗调等。当使用该工具在某一区域涂抹的次数越多，图像颜色也就越淡。加深工具可以对图像的局部颜色进行加深，当使用该工具在某一区域涂抹的次数越多，图像颜色也就越深。其工具属性栏与使用方法都和减淡工具相同。选择减淡工具，其工具属性栏如图4-113所示。

图4-113 "减淡工具"属性栏

"减淡工具"属性栏中各选项作用如下。

● 范围：用于设置修改的色调。选择"中间调"选项，将只修改灰色的中间色调；选择"阴影"选项，将只修改图像的暗部区域；选择"高光"选项，将只修改图像的亮部区域。

● 曝光度：用于设置减淡的强度。

● 保护色调：选中该复选框，将保护色调不受工具的影响。

打开"素材\第4章\朝霞.jpg"图像，如图4-114所示。选择减淡工具，在属性栏中设置画笔大小为500像素，"曝光度"为50%，在天空图像中横向涂抹，将天空颜色减淡，如图4-115所示；选择加深工具，默认属性栏中的设置，对图像四个角和部分花朵部分的阴影图像进行涂抹，让画面更具层次感，如图4-116所示。

图4-114 素材图像

图4-115 减淡图像

图4-116 加深图像

4.4.4 涂抹工具

使用涂抹工具  可以模拟手指在图像中涂抹产生颜色流动的效果。如果图像在颜色与颜色之间的边界生硬，或颜色与颜色之间过渡不好，可以使用涂抹工具将过渡颜色柔和化。

选择涂抹工具，将显示图4-117所示的工具属性栏。

图4-117 "涂抹工具"属性栏

"涂抹工具"属性栏中各选项作用如下。

- 模式：用于设置涂抹后的混合模式。
- 强度：用于设置涂抹强度。
- 手指绘画：选中该复选框，可使用前景色对图像进行涂抹。图4-118所示为设置前景色为黄色并选中该复选框后涂抹的效果；图4-119所示为未选中该复选框涂抹的效果。

图4-118 选中复选框的涂抹效果　　　　　图4-119 未选中复选框的涂抹效果

4.4.5 海绵工具

海绵工具 用于增强或减少指定图像区域的饱和度，使用它能快速为图像去色或增加饱和度。选择海绵工具，将显示图4-120所示的工具属性栏。

图4-120 "海绵工具"属性栏

"海绵工具"属性栏中各选项作用如下。

- 模式：用于设置编辑区域的饱和度变化方式。选择"加色"选项，将增加色彩的饱和度；选择"去色"选项，将降低色彩的饱和度。原图及处理效果如图4-121～图4-123所示。

图4-121 原图　　　　　　　图4-122 涂抹红色图像降低饱和度　　　　　图4-123 涂抹红色图像增加饱和度

● 流量：用于设置工具的流量。数值越大，图像效果越明显。

● 自然饱和度：选中该复选框，可防止颜色过于饱和而产生溢色。

课堂练习——制作唯美景深效果

打开"素材\第4章\课堂练习\风景.jpg"图像文件，利用模糊工具，对图像天空背景与前面的草堆图像做模糊处理，得到景深效果，再使用锐化工具涂抹房屋图像，使其更加突出，前后对比效果如图4-124所示（效果文件：效果\第4章\唯美景深效果.psd）。

图4-124 图像对比效果

4.5 擦除图像

在Photoshop中可以使用擦除工具来擦除图像，其中包含3种工具：橡皮擦工具、背景橡皮擦工具和魔术橡皮擦工具。后两种工具主要用于抠图操作，而橡皮擦工具则会因为设置的选项不同，而具有不同的用途。

4.5.1 课堂案例——抠取动物毛发

案例目标：将提供的动物照片素材，通过擦除背景的方式，抠出动物图像，并让其边缘的毛发图像也清晰干净。完成后的图像效果如图4-125所示。

知识要点：橡皮擦工具的使用、背景橡皮擦工具的使用；渐变填充背景。

素材文件：素材\第4章\抠取动物毛发\小狗.jpg

效果文件：效果\第4章\抠取动物毛发.psd

其具体操作步骤如下。

STEP 01 打开"小狗.jpg"图像，如图4-126所示，选择背景橡皮擦工具，单击属性栏中的"取样：连续"按钮，设置"容差"为30%，如图4-127所示。

图4-125 抠取毛发后的效果

图4-126 打开素材图像

图4-127 设置属性栏参数

视频教学
抠取动物毛发

STEP 02 将光标放到背景图像中，如图4-128所示，按住鼠标左键单击并拖动，即可将背景擦除，如图4-129所示，这时可以看到"图层"面板中的背景图层自动转换为的普通图层，得到图层0，如图4-130所示。

图4-128 放置光标

图4-129 擦除背景

图4-130 "图层"面板

STEP 03 通过观察可以发现，现在还有一些残留的背景图像没有擦除，选择橡皮擦工具 ，在属性栏中设置"不透明度"为100%，对剩余的背景图像做擦除，如图4-131所示。

STEP 04 新建图层1，将其放到图层0的下方，如图4-132所示，将图层1填充为土红色"#502a13"，效果如图4-133所示。

图4-131 擦除多余图像

图4-132 新建图层

图4-133 填充图像

STEP 05 在新背景上，很容易发现依然还残留了部分背景图像。选择背景橡皮擦工具，在属性栏中单击"取样：背景色板"按钮 ，在"限制"下拉列表框中选择"不连续"选项，再选中"保护前景色"复选框，如图4-134所示。

图4-134 设置属性栏参数

STEP 06 选择吸管工具，在小狗图像边缘的浅色毛发中单击，如图4-135所示，拾取颜色作为前景色，这样是为了在擦除时可以避免将毛发一起擦掉。

STEP 07 使用背景橡皮擦工具对背景和小狗的边缘毛发图像做细致的擦除，将残留的背景完全擦除掉，效果如图4-136所示。

图4-135 拾取颜色

图4-136 完全擦除图像

STEP 08 选择【滤镜】/【渲染】/【光照效果】命令，打开"光照效果"对话框，在"样式"下拉列表框中选择"默认值"，再设置各选项参数，如图4-137所示。

STEP 09 单击"确定"按钮，得到光照背景效果，效果如图4-138所示，完成本实例的操作。

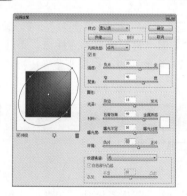

图4-137 设置光照参数

图4-138 最终效果

4.5.2 橡皮擦工具

橡皮擦工具用于擦除图像，使用时只需按住鼠标拖动即可进行擦除，被擦除的区域将变为背景色或透明区域。选择橡皮擦工具，其工具属性栏如图4-139所示。

图4-139 "橡皮擦工具"属性栏

"橡皮擦工具"属性栏中各选项作用如下。

● 模式：用于选择橡皮擦的外观种类。选择"画笔"选项，可创建柔和的擦除效果，如

图4-140所示。选择"铅笔"选项，可创建明显的擦除效果，如图4-141所示。选择"块"选项，擦除效果将接近块状，如图4-142所示。

图4-140 画笔擦除效果

图4-141 铅笔擦除效果

图4-142 块擦除效果

- 不透明度：用于设置工具的擦除效果，数值越高，被擦除的区域越干净。
- 流量：用于控制工具的涂抹速度。
- 抹到历史记录：选中该复选框，在"历史记录"面板中选择一个快照或状态，可快速将图像恢复为指定状态。

提示 当擦除的图像为背景图层或锁定了透明区域的图层时，擦除区域会显示为背景色，处理其他普通图层时，则可直接擦除涂抹区域的像素。

4.5.3 背景橡皮擦工具

背景橡皮擦工具 是一种智能橡皮擦，它在擦除图像时会根据色彩差异进行擦除，常用于抠图。使用该工具对背景进行涂抹擦除时可以很好的保留对象的边缘。选择背景橡皮擦工具 后，将显示图4-143所示的背景橡皮擦工具属性栏。

图4-143 "背景橡皮擦工具"属性栏

"背景橡皮擦工具"属性栏中各选项作用如下。

- 取样按钮 ：用于设置取样方式。单击 按钮，拖动鼠标时，可以连续对颜色进行擦除，凡是出现在光标中心十字线以内的图像都将被擦除，如图4-144所示；单击 按钮，将只会擦除第1次单击的颜色区域，如图4-145所示；单击 按钮，将擦除包含背景色的图像区域，如图4-146所示。

图4-144 连续擦除图像

图4-145 擦除第1次单击的颜色区域

图4-146 擦除包含背景色的区域

●限制：用于限制替换的条件。选择"连续"选项时，将只替换与光标下颜色接近的区域。选择"不连续"选项时，将替换出现在光标下任何位置的样本颜色。选择"查找边缘"选项时，将替换包括样本颜色的连续区域，但同时会保留形状边缘的细节。

●容差：用于设置颜色的容差范围。

●保护前景色：选中该复选框后，可以防止擦除与前景色匹配的区域。

4.5.4　魔术橡皮擦工具

魔术橡皮擦工具可以分析图像的边缘，若在背景图层被锁定透明区域的图层中使用该工具，被擦除的图像区域将变为背景色。而在其他图层中使用该工具则被擦除的图像区域将变为透明区域。选择魔术橡皮擦工具后，将显示图4-147所示的魔术橡皮擦工具属性栏。

| 🧽 ▾ | 容差：32 | ☑ 消除锯齿 | ☑ 连续 | □ 对所有图层取样 | 不透明度：100% ▸ |

图4-147　"魔术橡皮擦工具"属性栏

"魔术橡皮擦工具"属性栏中各选项作用如下。

●容差：用于设置可擦除的颜色范围。数值高时，可擦除更多的颜色区域，图4-148所示为容差为50的擦除效果，图4-149所示为容差为100的擦除效果。

●清除锯齿：选中该复选框，可以使擦除区域的边缘变得平滑。

●连续：选中该复选框，将可擦除单击点临近的像素。

●对所有图层取样：选中该复选框，将对所有图层取样。

●不透明度：用于设置擦除强度。数值越高，擦除效果越强，图4-150所示为不透明度为50%时的擦除效果。

图4-148 容差值为50的擦除效果　　图4-149 容差值为100的擦除效果　　图4-150 不透明度为50%的擦除效果

🏁课堂练习 ——为人物图像替换背景

打开"素材\第4章\课堂练习\情侣.jpg"图像文件，利用魔术橡皮擦工具对图像背景做擦除，对于未清除干净的背景，可以使用橡皮擦工具做精细的处理，再打开"素材\第4章\课堂练习\海滩.jpg"图像文件，使用移动工具将抠取出来的人物图像移动到沙滩图像中，前后对比效果如图4-151所示（效果文件：效果\第4章\为人物图像替换背景.psd）。

图 4-151 为人物更换背景

4.6 上机实训——制作斑驳的涂鸦文字

4.6.1 实训要求

特殊文字效果往往能够应用到很多画面中，本次实训要求制作一个斑驳的涂鸦文字效果，文字表面需要处理出特殊的斑驳感，再配合适当的背景，让文字的整体感觉更有视觉冲击力。

4.6.2 实训分析

一般来说，制作这种重金属风格的文字，选择背景时需要寻找风格一致，并且颜色较暗的图像，这样才能避免喧宾夺主，并且突出文字。

本例中的斑驳涂鸦文字主要是对文字边缘做一定的擦除操作，在擦除之前，对文字添加了图层样式，使得擦除后的文字更有立体效果。本实训的参考效果如图4-152所示。

素材所在位置：素材 \ 第 4 章 \ 上机实训 \ 背景 .jpg

效果所在位置：效果 \ 第 4 章 \ 斑驳的涂鸦文字 .psd

图 4-152 文字效果

4.6.3 操作思路

完成本实训主要包括制作字体和颜色的选择与输入、图层样式的参数设置、文字图层的复制，以及橡皮擦工具的使用，其操作思路如图4-153所示。涉及的知识点主要包括文字工具属性栏的设置，橡皮擦工具中笔刷的选择，图层的复制、图层不透明度的设置等操作。

01 输入文字　　　　　02 为图层应用内发光样式

03 复制图层并调整图层属性　　　　04 设置笔刷擦除图像

图4-153　操作思路

【步骤提示】

STEP 01 打开"背景.jpg"图像，使用横排文字工具，在画面中输入英文文字"METAL"。

STEP 02 在属性栏中设置字体为方正兰亭特黑简体，字号为133点，填充为白色。

STEP 03 在"图层"面板中设置文字图层填充为0%。选择【图层】/【图层样式】/【内发光】命令，打开"图层样式"对话框，设置"混合模式"为"颜色加深"、内发光颜色为浅灰色。

STEP 04 复制一次文字图层，选择【图层】/【栅格化】/【文字】命令栅格化文字，将其填充参数设置为80%。

STEP 05 选择橡皮擦工具，在属性栏中选择笔刷样式为"喷溅"，对文字的顶部及底边进行擦除，得到斑驳的文字效果。

视频教学
制作斑驳的涂鸦文字

4.7 课后练习

1. 练习1——制作梦幻的森林效果图

打开图4-154所示的"背影.jpg"图像，该图像为纯色背景，看起来非常地单调，要求将背影图抠取出来，放到一个适合的场景中，让画面显得唯美生动。在背景素材中提供了梦幻感觉的"森林"图像，将人物添加进去，能够让人物和背景画面完美融合，完成后的参考效果如图4-155所示。

素材所在位置：素材 \ 第 4 章 \ 课后练习 \ 背影 .jpg、森林 .jpg
效果所在位置：效果 \ 第 4 章 \ 神秘的森林 .psd

图 4-154 背影图像

图 4-155 效果图

　　提示：制作时要注意使用背景橡皮擦工具对人物白色背景进行擦除，然后移动到森林图像中，并使用加深和减淡工具对森林图像做适当的修饰。

2. 练习 2——*制作彩色夜景*

参考效果图
制作彩色夜景

　　渐变工具在实际工作中运用比较广泛，本练习将综合运用本章和前面所学知识，在图像中创建图层应用彩色渐变填充，然后设置图层为"柔光"模式，即可得到彩色叠加效果，完成后的参考效果如图 4-156 所示。

　　素材所在位置：素材 \ 第 4 章 \ 课后练习 \ 夜景 .jpg
　　效果所在位置：效果 \ 第 4 章 \ 彩色夜景 .psd

图 4-156 彩色夜景效果图

第5章

编辑图像

在Photoshop中新建和绘制图像后，还可以对图像进行各种编辑，包括图像的移动、复制与删除，图像的裁剪与变换，以及图像的填充、描边等操作。掌握这些编辑图像的操作将有利于图像的基本处理。本章将详细介绍上述各种编辑操作的使用，并对内容识别比例和定义图案等进行讲解。

课堂学习目标

- 掌握图像的移动、复制与删除操作
- 掌握图像的裁剪操作
- 掌握图像的各种变换操作
- 掌握图像的描边、填充等应用

课堂案例展示

感恩节海报

舞蹈形象海报

5.1 移动、复制与删除图像

绘制图像后，还经常需要对图像进行一些简单的操作，如调整图像位置，此时可以使用移动工具进行移动。对于相同的图像，可以使用复制功能；对于多余的图像，可以进行删除操作，删除图像又分为删除全部和删除局部图像。

5.1.1 课堂案例——制作感恩节海报

案例目标：运用提供的素材，制作一个温馨、简洁的感恩节海报，完成后的参考效果如图5-1所示。

知识要点：移动工具的使用；复制图像；变换选区；删除选区中的图像；画笔工具的运用。

视频教学
制作感恩节海报

素材文件：素材\第5章\制作感恩节海报\云朵.psd、文字.psd、卡通树林.psd、鲜花.psd、花朵.psd

效果文件：效果\第5章\感恩节海报.psd

图5-1 效果图

其具体操作步骤如下。

STEP 01 新建一个高为30厘米、宽为22.5厘米的图像文件，将前景色设置为粉红色"#ff93a0"，按【Alt+Delete】组合键填充背景，如图5-2所示。

STEP 02 设置前景色为白色，选择画笔工具 ，在属性栏中设置画笔大小为600像素，"不透明度"为20%，在画面左上角绘制出白色散光图像，如图5-3所示。

图5-2 填充背景

图5-3 绘制白色散光图像

STEP 03 打开"卡通树林.psd"图像，按【Ctrl+A】组合键全选图像，创建选区，按【Ctrl+C】组合键复制选区中的图像，如图5-4所示。

STEP 04 切换到新建的粉红色图像文件中，按【Ctrl+V】组合键粘贴图像，如图5-5所示。

STEP 05 选择移动工具 ，将卡通树林图像移动到画面底部，得到图层1，如图5-6所示。

图5-4 复制图像　　　　图5-5 粘贴图像　　　　图5-6 移动图像

STEP 06 单击"图层"面板底部的"创建新图层"按钮 □ ，新建"图层2"，选择矩形选框工具 □ ，在图像中绘制一个矩形选区，按【Alt+Delete】组合键填充为白色，效果如图5-7所示。

STEP 07 选择【选择】/【变换选区】命令，选区四周出现变换框，按住【Shift+Alt】组合键沿中心缩小选区，效果如图5-8所示。

STEP 08 按【Enter】键确认变换，按【Delete】键删除图像，得到白色边框，如图5-9所示。

图5-7 填充选区　　　　图5-8 缩小选框　　　　图5-9 删除图像

STEP 09 选择画笔工具 ✐ ，单击属性栏左侧的 ▣ 按钮，打开"画笔"面板，选择画笔样式为"柔角30"，"间距"为200%，如图5-10所示。再选择面板左侧的"形状动态"和"散布"选项，设置具体参数，如图5-11所示。在属性栏中设置"不透明度"为100%。

STEP 10 新建"图层3"，设置前景色为白色，在图像中绘制白色圆点图像，如图5-12所示。

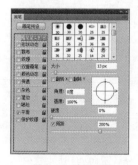

图5-10 选择画笔　　　　图5-11 设置参数　　　　图5-12 绘制圆点

STEP 11 在属性栏中设置"不透明度"为35%，再在画面中单击鼠标右键，在弹出的面板中选择

"柔边圆压力大小"画笔样式，设置大小为200像素，在白色圆点周围绘制出烟雾图像，如图5-13所示。

STEP 12 打开"文字.psd"图像，使用移动工具 ▶️ 将其拖至当前图像中。选择"图层2"，使用矩形选框工具 ▦ 在文字周围绘制选区，按【Delete】键删除被遮盖的白色边框，如图5-14所示。

STEP 13 单击"图层2"，载入选区，选择【选择】/【变换选区】命令，选区周围出现变换框，按住【Ctrl】键的同时用鼠标单击变换框上方中间的节点向右拖动，如图5-15所示。

STEP 14 在"图层2"下方新建"图层4"，选择【选择】/【修改】/【羽化】命令，打开"羽化选区"对话框，设置"半径"为2像素，确定后填充选区为深红色"#ef3a49"，设置"图层4"的"不透明度"为40%，如图5-16所示。

图5-13 添加烟雾图像　　图5-14 添加文字　　图5-15 变换选区　　图5-16 羽化选区

STEP 15 选择矩形选框工具 ▦ ，在有文字遮盖的位置绘制矩形选区，并按【Delete】键删除选区中的图像，如图5-17所示。

STEP 16 打开"花朵.psd"图像，使用移动工具 ▶️ 直接将其拖动到当前编辑的图像中，放到矩形方框底部，如图5-18所示，在花朵下方绘制一个矩形选区，按【Delete】键删除选区中的图像，得到半截花朵图像。

STEP 17 打开"云朵.psd"和"鲜花.psd"图像，使用移动工具分别将其拖动过来，放到画面中，参照图5-19所示的位置排放，完成本实例的制作。

图5-17 删除图像　　　　图5-18 添加花朵　　　　图5-19 完成效果

5.1.2 移动图像

在 Photoshop 中可以根据需要将图像移动到指定的位置，移动图像分为整体移动和局部移动。

1. 整体移动

整体移动可以在两个图像文件之间或同一个图像文件中进行，打开"素材 \ 第 5 章 \ 气泡 .psd、

草地 .jpg"图像,如图 5-20 和图 5-21 所示。

图 5-20 气泡图像

图 5-21 草地图像

选择气泡图像所在图层,确认移动工具 ►₊ 为当前工具,在该图像中按住鼠标左键不放,将其直接拖至"草地"图像窗口中,释放鼠标即可完成移动,如图5-22所示。按住鼠标左键向左拖动,即可移动气泡到画面中间位置,如图5-23所示。

图 5-22 移动图像

图 5-23 移动图像位置

2. 局部移动

局部移动就是对图像中的部分图像进行移动,应先使用选框工具、套索工具或其他选区创建工具在图像中创建选区,然后利用移动工具完成移动操作。如创建一个花朵图像选区,如图5-24所示,将鼠标指针放到选区中,按住鼠标左键拖动,可以直接移动选区中的图像,如图5-25所示,按住【Alt】键拖动选区中的图像,可以复制移动选区中的图像,如图5-26所示。

图 5-24 创建选区

图 5-25 移动图像

图 5-26 复制移动图像

 技巧 在移动图像的同时按住【Shift】键不放可以在水平、垂直和 45°方向上移动图像。按键盘上的【→】、【←】、【↑】和【↓】键也可对图像进行各方向的精确移动。

5.1.3 复制与选择性粘贴图像

复制就是对整个图像或部分图像区域创建副本，再将图像粘贴到另一处或另一个图像中。Photoshop还可以对选区内的图像进行特殊的复制与粘贴操作，如在选区内粘贴图像。

1. 复制整个图像文件

如果要为当前编辑的图像文件创建一个副本文件，可以选择【图像】/【复制】命令，打开"复制图像"对话框进行设置，如图5-27所示。在"为"文本框中可输入新图像的名称；如果图像包含多个图层，选中"仅复制合并的图层"复选框可得到合并图层后的复制图像文件。

此外，在图像窗口标题栏中单击鼠标右键，在弹出的快捷菜单中选择"复制"命令可以复制整个图像文件，如图5-28所示。这时将自动为新图像命名，在原文件名称后添加"副本"二字。

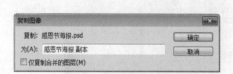

图5-27 "复制图像"对话框   图5-28 快速复制图像文件

2. 局部复制图像

打开"素材\第5章\木瓜.jpg"图像，使用矩形选框工具 在图像中绘制一个矩形选区，如图5-29所示。选择【编辑】/【拷贝】命令或按【Ctrl+C】组合键，可以将选中的图像复制到剪贴板中，此时画面中的图像内容不变，然后选择【编辑】/【粘贴】命令或按【Ctrl+V】组合键可以将复制的图像粘贴到画布中，并自动生成一个新的图层。

如果图像中包含多个图层，如图5-30所示，选择【编辑】/【合并拷贝】命令，可以将所有可见图层中的图像复制到剪贴板中，图5-31所示为使用该方法将图像粘贴到另一个图像中的效果。

图5-29 复制选区中的图像   图5-30 "图层"面板   图5-31 粘贴图像

3. 选择性粘贴图像

执行图像复制命令后，可以使用选择性粘贴命令，将图像粘贴到指定的位置。选择【编辑】/

【选择性粘贴】命令，在其子菜单中可以选择复制的方式，如图5-32所示。"选择粘贴"选项中各命令的作用如下。

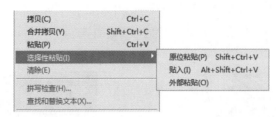

图5-32 选择性粘贴命令

- "原位粘贴"命令：可以将图像按照其原来位置粘贴到文档中，并自动创建一个新的图层。
- "贴入"命令：复制图像后，在需要粘贴的位置创建选区，如图5-33所示，然后执行"贴入"命令，即可将图像粘贴到选区内并自动添加蒙版，并将选区以外的图像隐藏，如图5-34所示。

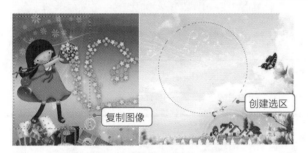

图5-33 复制图像并创建选区

图5-34 贴入图像

- "外部粘贴"命令：先复制图像，再创建选区，选择"外部粘贴"命令，此时将粘贴图像并自动创建蒙版，将选中的图像隐藏，如图5-35所示。

图5-35 使用"外部粘贴"命令粘贴图像的效果

疑难解答

怎样实现同时复制多个图层的图像？

如果图像中有多个图层，此时复制的实际上只是当前图层中的图像，而在很多时候是需要在不合并图层的情况下复制多个图层的图像。实现的方法是，先按【Ctrl+A】组合键选择所有图像，再选择【编辑】/【合并拷贝】命令或直接按【Shift+Ctrl+C】组合键，即可将所有可见图层中所选图像合并到剪贴板中，最后按【Ctrl+V】组合键将合并复制的图像粘贴到图像中。

5.1.4　清除图像

当图像为普通图层时，在图像中创建选区，选择【编辑】/【清除】命令或按【Delete】键即可清除选区内的图像内容，如图5-36所示，被清除区域呈透明状态。

若清除的是"背景"图层上的图像，则清除的区域会自动填充为当前背景色，如图5-37所示。

图5-36　清除为透明

图5-37　清除为背景色

提示　当普通图层后方有一个带锁🔒的图标时，表示该图层为锁定状态，不能做任何编辑，这时"清除"命令将不起作用。需要单击"图层"面板中的🔒按钮，将其解锁，即可做清除操作。

课堂练习——制作舞蹈形象海报

练习制作一个舞蹈形象海报。打开"素材 \ 第 5 章 \ 课堂练习 \ 跳舞的女孩 .psd、火焰 .psd、烟花 .psd"图像，通过移动和复制粘贴命令，将提供的人物、火焰、烟花等素材添加到黑色背景中，在"图层"面板中适当降低烟花图像的不透明度，然后对人物的双腿部分图像进行擦除操作，效果如图 5-38 所示（效果文件：效果 \ 第 5 章 \ 跳舞的女孩 .psd）。

图5-38　跳舞的女孩

5.2 裁剪与变换图像

素材图像并不是一开始就完全符合制作需要，很多素材在编辑前都需要对它们做调整，如裁剪、翻转、旋转、变换图像等。下面将讲解在Photoshop CS5中对图像进行裁剪与变换的方法。

5.2.1 课堂案例——制作书籍立体图

案例目标： 运用提供的书籍平面图，通过多种变形操作，制作出立体书籍图像效果，完成后的参考效果如图5-39所示。

知识要点： 图像的复制与粘贴、图像的缩放与旋转；使用"自由变换"命令。

素材文件： 素材＼第5章＼制作书籍立体图＼书籍封面.psd

效果文件： 效果＼第5章＼书籍立体图.psd

图5-39 效果图

其具体操作步骤如下。

STEP 01 新建一个高为20厘米、宽为25厘米的图像文件，选择渐变填充工具，为图像应用从黑色到白色的线性渐变填充，如图5-40所示。

STEP 02 打开"书籍封面.psd"图像，选择矩形选框工具，在画面右侧绘制一个矩形选区，将封面图像框选起来，如图5-41所示。

视频教学
制作书籍立体图

图5-40 填充背景

图5-41 绘制矩形选区

STEP 03 按【Ctrl+C】组合键复制选区中的图像，切换到新建的灰色图像中，按【Ctrl+V】组合键粘贴图像，得到图层1，如图5-42所示。

STEP 04 选择【编辑】/【变换】/【缩放】命令，按住【Shift】键不放拖动变换框右上角控制点，等比例缩小图像，效果如图5-43所示。

STEP 05 选择【编辑】/【变换】/【旋转】命令，将鼠标放到变换框外侧，按住鼠标左键不放旋转图像，如图5-44所示。

图5-42 粘贴图像

图5-43 缩小图像

图5-44 旋转图像

STEP 06 选择【编辑】/【自由变换】命令，按住【Ctrl】键不放拖动图像左上角的控制点，调整图像角度，效果如图5-45所示。

STEP 07 继续按住【Ctrl】键调整其他三个角，将图像调整到透视状态，如图5-46所示。

STEP 08 新建图层2，选择矩形选框工具，在图像中绘制一个细长的矩形选区，选择渐变工具，对选区从上到下应用灰色线性渐变填充，然后按【Ctrl+D】组合键取消选区，如图5-47所示。

图5-45 拖动控制点

图5-46 调整控制点

图5-47 填充选区

STEP 09 按【Ctrl+T】组合键，将鼠标指针放到变换框外侧，按住鼠标左键适当旋转图像，旋转效果如图5-48所示。

STEP 10 按住【Ctrl+Shift】组合键沿中心缩小图像，然后将鼠标指针放入变换框中，将其移动到书籍封面右侧边缘，如图5-49所示。

图5-48 旋转图像

图5-49 缩小并移动图像

STEP 11 保持变换状态，按住【Ctrl】键拖动图像变换框中间右侧的控制点，得到斜切的边缘状态，按【Enter】键确认变换，得到边缘透视效果，如图5-50所示。

STEP 12 新建图层3，使用矩形选框工具绘制出封面图像底部的矩形选区，并做灰白色渐变填充，如图5-51所示。

STEP 13 按【Ctrl+T】组合键，将鼠标指针放到变换框外侧，适当旋转图像，再按住【Ctrl】键拖动图像四个角的控制点，得到透视图像效果，如图5-52所示。

图5-50 透视边缘图像　　　　　　　图5-51 绘制矩形　　　　　　　图5-52 变换图像

STEP 14 新建图层4，并将其放到图层1的下方，按住【Ctrl】键单击图层1，载入封面图像选区，选择任意一个选框工具，将选区向下移动，如图5-53所示。

STEP 15 按【Shift+F6】组合键，打开"羽化选区"对话框，设置"羽化半径"为6像素，单击"确定"按钮。

STEP 16 选择渐变工具■，在属性栏中设置颜色为不同深浅的灰色，在选区中从左上方到右下方应用线性渐变填充，如图5-54所示，完成书籍立体效果的制作，如图5-55所示。

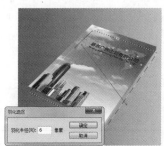

图5-53 载入并移动选区　　　　　　图5-54 羽化选区　　　　　　图5-55 最终效果

5.2.2　裁剪图像

用户可以通过裁剪工具▣来方便、快捷地获得需要的图像尺寸。需要注意的是，裁剪工具的属性栏在执行裁剪操作时的前后显示状态不同。选择裁剪工具，属性栏如图5-56所示。

图5-56 "裁剪工具"属性栏

"裁剪工具"属性栏中的各选项含义如下。

● 宽度、高度和分辨率：可以输入裁剪图像的宽度、高度以及分辨率值。

● 前面的图像：单击该按钮后裁剪的图像尺寸会与上次裁剪的图像尺寸比例一致。

● 清除：清除上次操作设置的高度、宽度、分辨率等数值。

选择裁剪工具 后，将鼠标指针移到图像窗口中，按住鼠标拖出选框，框选要保留图像的区域，如图5-57所示。在保留区域四周有一个定界框，拖动定界框上的控制点可调整裁剪区域的大小，如图5-58所示。

图5-57 框选保留区域

图5-58 调整保留区域

此时，"裁剪工具"属性栏如图5-59所示，各选项含义如下。

图5-59 裁剪图像后的属性栏

- 裁剪区域：选中"删除"单选按钮，裁剪区域以外的部分就被完全删除。选中"隐藏"单选按钮，裁剪区域以外的部分则被隐藏起来，选择【图像】/【显示全部】命令，就会取消隐藏；需要注意的是，在背景图层中，"裁剪区域"选项不会被激活。
- 屏蔽：选择该复选框，可以启用颜色和不透明度项进行设置。
- 颜色：用于设置被裁剪部分的颜色，单击色块可打开"拾色器"对话框选择颜色。
- 不透明度：用于设置裁剪区域的颜色阴影的不透明度，其数值范围为1%~100%。
- 透视：选中该复选框，可以通过拖动控制点，改变裁剪区域的形状，对图像进行透视裁剪。
- ⊘按钮：单击该按钮可以取消当前裁剪操作。
- ✔按钮：单击该按钮或按【Enter】键确认图像裁剪操作。

5.2.3 图像的变换

Photoshop CS5中提供了多种用于变换的命令，如"编辑"菜单中的"变换""自由变换"等子菜单命令。通过这些命令可以对图像进行缩放、旋转、斜切、透视、扭曲等操作。

1. 变换图像

选择【编辑】/【变换】命令，在打开的子菜单中通过命令名称即可分辨每一种命令所产生的效果，如图5-60所示。选择某项变换命令，对象四周将出现一个变换框，变换框中间有一个中心点，四周还有控制点，将鼠标指针移动到变换框上，按住鼠标左键拖动即可进行变换操作。下面将详细讲解各种变换命令的操作方法。

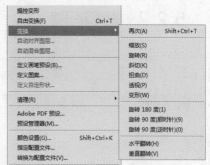

图5-60 变换子菜单

- 缩放图像：选择【编辑】/【变换】/【缩放】命令可
  以使图像进行放大或缩小。选择任意一个角的控制点，按住鼠标左键不放进行拖动，即可对图像进行缩放，如图5-61所示。

● 旋转图像：选择【编辑】/【变换】/【旋转】命令，将鼠标指针放到方框外侧，按住鼠标左键向上或向下拖动即可旋转图像，如图5-62所示。

● 斜切图像：选择【编辑】/【变换】/【斜切】命令，选择四个角任意一个控制点拖动，即可进行斜切操作，如图5-63所示。

图5-61 缩小图像

图5-62 旋转图像

图5-63 斜切图像

● 扭曲图像：选择【编辑】/【变换】/【扭曲】命令，选择四个角任意一个控制点拖动，即可对图像进行扭曲操作，如图5-64所示。

● 透视图像：选择【编辑】/【变换】/【透视】命令，拖动方框中的任意一角即可对图像做透视操作，常用于制作立体化图像效果，如图5-65所示。

● 变形图像：选择【编辑】/【变换】/【变形】命令，图像将出现变形网格和控制点，拖动控制点或调整控制点的方向线可以对图像做更加自由和灵活的变形操作，如图5-66所示。

图5-64 扭曲图像

图5-65 透视图像

图5-66 变形图像

● 翻转图像：在图像编辑过程中，若需要使用对称的图像，则可以将图像翻转。选择【编辑】/【变换】子菜单中的【水平翻转】或【垂直翻转】命令即可，如图5-67所示。

● 旋转特定角度：选择【编辑】/【变换】命令，可以看到子菜单中包含多个特定角度旋转命令，如"旋转180度""旋转90度（顺时针）""旋转90度（逆时针）"命令，选择对应的命令可以得到旋转相应的角度后的图像。

图5-67 垂直翻转图像

 提示 对图像进行变换操作时，工具属性栏最左端会出现一个参考点定位符■，方块对应定界框上的各个控制点。如果要将中心点调整到定界框边界上，可单击对应的小方块。如要将中心点移动到定界框的右下角，可单击参考点定位符右下角的方块■。

2. 自由变换图像

选择【编辑】/【自由变换】命令，或按【Ctrl+T】组合键可使所选的图像进入自由变换状态。将鼠标指针放到变换框外侧，单击鼠标拖动可以直接旋转图像；按住【Ctrl】键拖动变换框中的节点，可以将其拖动到任意位置；按住【Shift】键可以控制变换框方向，进行旋转缩放的操作；按住【Alt】键，单击并拖动变换框四个角上的控制点，可以形成以中心对称的自由变换。

> 🎧 **疑难解答** | 如果变换操作不起作用该怎么办？
>
> 当"图层"面板右下角会显示一个 🔳 图标时，表示该图层图像在编辑过程中使用了智能滤镜功能，此时变换操作对该图像不起作用。所以在执行变换命令前，一定要将智能对象转换为普通图像，选择【图层】/【栅格化】/【智能对象】命令，或在该图层中单击鼠标右键，在弹出的菜单中选择"栅格化"命令即可。

5.2.4 操控变形图像

使用"操控变形"命令可以改变图像的形态，通过控制图钉的位置来快速调节图像的变形效果，同时保持其他区域不变，通常用于调整人物的动作、发型等，操作方式类似于3D软件中的骨骼绑定系统。

打开"素材\第5章\跳跃.psd"图像，选择【编辑】/【操控变形】命令，图像中会布满网格，在人物头部和颈部添加图钉，固定其位置，再在人物手部添加图钉，然后使用鼠标左键拖动图钉的位置，人物图像将随之发生变化，如图 5-68 所示。

图5-68 对图像应用操控变形

"操控变形"的属性栏如图5-69所示，各项含义如下。

模式: 正常 ▼ 浓度: 正常 ▼ 扩展: 2px ▼ ☑显示网格 图钉深度: 旋转: 自动 ▼ 0 度

图5-69 "操控变形"属性栏

● 模式：包括"刚性""正常""扭曲"3种模式。选择"刚性"模式时，变形效果较为精确，但过渡效果不是很柔和；选择"正常"模式时，变形效果比较准确，过渡也比较柔和；选择"扭曲"模式时，可以在变形的同时创建透视效果。

● 浓度：包括"较少点""正常""较多点"3个选项。可根据需要设置选项，用以控制网格点数量。

●扩展：用来设置变形效果的衰减范围。设置较大的像素值后，变形网格的范围将相应的向外扩展，变形之后，图像的边缘会变得更加平滑；设置较小的像素值以后，图像的边缘变化效果会变得很生硬。

●显示网格：选择该选项可控制是否在变形图像上显示出变形网格。

●图钉深度：选择一个图钉后，单击"将图钉前移"按钮🖲，即可将图钉向上一层移动；单击"将图钉后移"按钮🖲，即可将图钉向下一层移动。

●旋转：该项有"自动"和"固定"两个选项。选择"自动"选项时，在拖动图钉变形图像时，系统会自动对图像进行旋转操作；选择"固定"选项时，可以在后面的数值框中输入精确的旋转数值。

📐 课堂练习 ——设计环保标志

本练习主要巩固图像的变换操作，需要综合运用多个图像变形知识点。首先结合矩形选框工具和渐变工具的使用，制作出渐变填充效果的单面图像，再运用缩放、旋转、透视等变形操作，得到图标透视效果，再通过"自由变换"命令调整图像每一个角的控制点，参考效果如图 5-70 所示（效果文件：效果\第 5 章\环保标志 .psd）。

图 5-70 环保标志效果

5.3 其他编辑操作

除了对图像应用移动、复制、裁剪等操作外，还可以对图像应用更加多样化的编辑操作，如使用内容识别比例进行高级缩放图像操作、对图像应用描边、自定义图案并做填充等，下面我们将深入学习更多的图像编辑知识。

5.3.1 课堂案例——收缩图像背景

案例目标：保持原图像不变形的情况下，将图像背景做一定程度的收缩，完成后的参考效果如图 5-71 所示。

知识要点："内容识别比例"命令的运用；"填充"和"描边"命令的使用。

素材文件：素材\第 5 章\收缩图像背景\圣诞女郎 .jpg、圣诞素材 .psd

效果文件：效果 \ 第 5 章 \ 收缩图像背景 .psd

图 5-71 收缩图像背景

其具体操作步骤如下。

STEP 01 打开"圣诞女郎.jpg"素材图像，在"图层"面板中双击背景图层，将其转换为普通图层，得到"图层0"，如图5-72所示。

STEP 02 选择【编辑】/【内容识别比例】命令，图像四周将出现变换框，将鼠标指针放到左侧中间的控制点中，按住鼠标左键不放向右拖动，如图5-73所示，可以看到背景图像将自动收缩，但人物图像变化不大。

视频教学
收缩图像背景

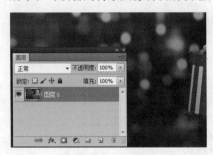

图 5-72 转换图层

图 5-73 拖动控制点

STEP 03 按【Enter】键确定变换。选择矩形选框工具▢，在图像中绘制一个矩形选区，如图5-74所示。

STEP 04 选择【选择】/【反向】命令，反选选区，设置前景色为淡黄色"#fff7d5"，选择【编辑】/【填充】命令，打开"填充"对话框，在"使用"下拉列表框中选择"前景色"选项，设置"不透明度"为100%，如图5-75所示。

图 5-74 绘制选区

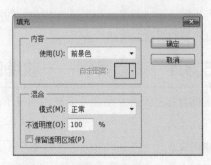

图 5-75 填充设置

STEP 05 单击"确定"按钮,得到选区填充效果,如图5-76所示。

STEP 06 选择矩形选框工具，在人物图像中再绘制一个矩形选区。选择【编辑】/【描边】命令,打开"描边"对话框,设置描边"宽度"为15像素、"颜色"为白色,"位置"为居中,"不透明度"为50%,如图5-77所示。

图5-76 填充选区

图5-77 设置描边

STEP 07 单击"确定"按钮,得到图像描边效果,如图5-78所示。

STEP 08 打开"圣诞素材.psd"图像,使用移动工具分别将文字和圣诞树拖动过来,放到画面左侧,如图5-79所示,完成本实例的制作。

图5-78 描边效果

图5-79 添加素材图像

5.3.2 使用"内容识别比例"命令

使用"内容识别比例"命令可以对图像进行智能缩放,它可以智能识别出重要的可视内容区域,而对非重要区域的像素进行压缩,而常规缩放调整图像会统一压缩所有像素。

确认需要编辑的图像为普通图层,选择【编辑】/【内容识别比例】命令,在属性栏中即可设定各选项参数,如图5-80所示,图像四周也会出现变换框,通过拖动控制点可以对图像进行编辑,其各属性栏中选项含义如下。

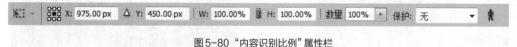

图5-80 "内容识别比例"属性栏

● "参考点位置"按钮：默认情况下,参考点位于图像中心点,单击其他的白色方块,可以指定缩放图像时要围绕的固定点。

● "使用参考点相关定位"按钮：单击该按钮,可以指定新参考点位置。

● X/Y：设置参考点的水平和垂直位置。

● W/H：设置图像按原始大小缩放的百分比。

● 数量：设置内容识别缩放与常规缩放的比例，默认情况下该值为100%。

● 保护：选择要保护的区域的Alpha通道。如果要在缩放图像时保留特定的区域，"内容识别比例"允许在调整大小的过程中使用Alpha通道来保护内容。

● "保护肤色"按钮：对人物进行编辑时可以激活该按钮，在缩放时可保护人物肤色不变。

下面分别使用"内容识别比例"命令和"缩放"变换命令来缩放图像，图5-81所示为原图，图5-82所示为缩放变换图像，图5-83所示为内容识别比例变换图像。

图5-81 原图像　　　　　　　　图5-82 缩放变换　　　　　　　图5-83 内容识别比例变换

5.3.3　使用"填充"命令

使用"填充"命令可以为图像进行单色填充、图案填充等。选择【编辑】/【填充】命令，打开"填充"对话框，如图5-84所示。在"使用"下拉列表框中可以选择填充的类型。

"填充"对话框中各选项作用如下。

● 使用：选择"前景色/背景色/黑色/50%灰色/白色"选项，可得到相应的颜色填充；选择"颜色"选项，可打开"拾色器"对话框，可在该对话框中选择颜色；选择"图案"选项，则可以在"自定图案"中选择一种图案，如图5-85所示，选择一种图案填充后，效果如图5-86所示。

图5-84 "填充"对话框

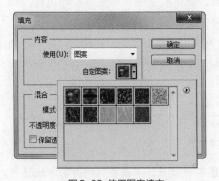 

图5-85 使用图案填充　　　　　　　　　　　图5-86 图案填充效果

● "混合"选项卡中有多个选项，分别如下。

- "模式"，选项用于设置填充内容的混合模式。如设置填充模式为"颜色加深"和"滤色"，效果都有明显的区别，如图5-87、图5-88所示。

图5-87 颜色加深模式

图5-88 滤色模式

- "不透明度"，在该数值框中设置参数可以改变填充内容的透明程度。图5-89、图5-90所示分别为不透明度为30%和70%的效果。
- "保留透明区域"，选中该复选框后，只对图层中包含像素的区域进行填充，不会影响透明区域的部分。

图5-89 不透明度为30%的效果

图5-90 不透明度为70%的效果

5.3.4 使用"描边"命令

描边图像是指使用一种颜色沿选区边界进行填充。选择【编辑】/【描边】命令打开图5-91所示的"描边"对话框，设置参数后单击"确定"按钮即可描边选区。

该对话框中各选项的含义如下。

- 宽度：在该数值框中输入数值，可以设置描边后生成填充线条的宽度，其取值范围为1~250px（像素）。
- 颜色：用于设置描边的颜色，单击其右侧的颜色图标可以打开"拾色器"对话框，在其中可设置其他描边颜色。

图5-91 "描边"对话框

- 位置：用于设置描边位置。"内部"表示在选区边界以内进行描边；"居中"表示以选区边界为中心进行描边；"居外"表示在选区边界以外进行描边。
- 混合：设置描边后颜色的不透明度和着色模式。选中"保留透明区域"复选框，描边时将不影响原图层中的透明区域。

图5-92和图5-93所示为对选区使用白色居中填充2像素和20像素后的描边效果。

图5-92 描边宽度为2像素

图5-93 描边宽度为20像素

5.3.5 使用"定义图案"命令

使用"定义图案"命令可以将图层或选区中的图像定义成图案，结合"填充"命令的使用，可以将其填充到其他图像文件或选区中。

打开"素材\第5章\熏衣草.psd"图像，如图5-94所示，选择【编辑】/【定义图案】命令，打开"图案名称"对话框，如图5-95所示，设置图案名称后，单击"确定"按钮，即可得到定义的图案。

图5-94 素材图像

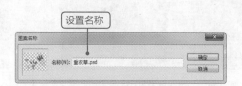

图5-95 定义图案

新建一个图像文件，选择【编辑】/【填充】命令，打开"填充"对话框，在"使用"下拉列表框中选择"图案"，然后单击"自定图案"按钮右侧的下拉按钮，选择定义的"熏衣草"图案，如图5-96所示，单击"确定"按钮，得到添加的图案效果，如图5-97所示。选择矩形选框工具，在图像中绘制一个矩形选区，填充为淡紫色"#563ea4"，然后输入文字，完成操作，效果如图5-98所示。

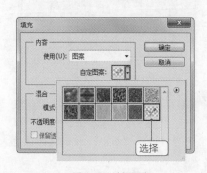

图5-96 选择图案

图5-97 填充图案效果

图5-98 添加文字

5.3.6 注释工具

在 Photoshop 中可以使用注释工具来标记制作说明或其他有用信息，该工具位于工具箱的吸管工具组中，可以在图像中的任何区域添加文字注释。

打开需要添加注释的图像，选择注释工具，在属性栏中输入作者名称，单击"颜色"选项后的色块可以设置注释图标的颜色，如图5-99所示。在画面中单击，将弹出"注释"面板，在其中可以输入注释内容。创建该注释后鼠标单击处会出现一个注释图标，在同一画面中能创建多个注释内容，如图5-100所示。

图5-99 设置属性栏

图5-100 创建注释内容

技巧 拖动注释图标可以移动其位置；双击注释图标可以查看注释内容；使用鼠标右键单击注释图标，在弹出的快捷菜单中选择"删除注释"命令，可以删除该注释。

课堂练习——制作爱心卡通画

本练习主要巩固练习定义图案、对选区进行描边的操作。打开"素材\第5章\课堂练习\爱心.psd"图像，使用"定义图案"命令，将其填充到背景中，然后添加各种卡通图像，对人物和自行车卡通图像载入图像选区，应用描边处理，完成后的参考效果如图 5-101 所示（效果文件 :效果\第5章\爱心卡通画 .psd）。

图5-101 爱心卡通画

5.4 上机实训——制作证件照

5.4.1 实训要求

某企业广告部为每个员工拍摄了工作照，需要制作成尺寸为1寸的彩色单人工作吊牌证件照。本实训要求为该公司员工的单人照做后期处理，制作出留有白色边框、符合大小，并且一次有8张的照片效果，以便于后期对照片裁剪。1寸证件照单张尺寸为宽2.5cm，高3.5cm。

5.4.2 实训分析

很多人在报考公务员、报考证书考试、冲洗相片的时候需要各式各样的证件照，而一些企业也会为员工定制统一格式的证件照。但拍摄背景和人物服装统一后，还需要将照片导入到 Photoshop 中做一定的处理，让图像颜色鲜艳、符合具体的尺寸要求等。

本例中的证件照主要是针对企业员工已经拍摄好的照片做后期处理，首先通过裁剪的方式，得到人物头部到肩部下方位置的所需图像，然后再使用"画布大小"命令，制作出照片四周留白的效果，最后通过定义图案和填充的方式，一次性得到多张相同大小的照片。本实训的参考效果如图5-102所示。

素材所在位置：素材 \ 第 5 章 \ 上机实训 \ 商务人士 .jpg

效果所在位置：效果 \ 第 5 章 \ 证件照 .psd

图5-102　证件照效果图

5.4.3 操作思路

完成本实训主要包括制作裁剪图像、调整画布尺寸、定义图案和填充图案4大步操作，其操作思路如图5-103所示。涉及的知识点主要包括裁剪工具的使用，"画布大小"命令的使用，定义图案和填充图案等操作。

▶ **01** 裁剪图像　　　　　　▶ **02** 设置画布大小

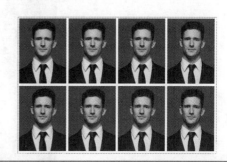

▶ **03** 定义图案　　　　　　▶ **04** 填充图案

图5-103　操作思路

【步骤提示】

STEP 01 打开"商务人士.jpg"图像，选择裁剪工具，在属性栏中设置"宽度"为2.5厘米，"高度"为3.5厘米，分辨率为300像素。

STEP 02 在图像中按住鼠标左键拖动，得到裁剪框，将人物调整到裁剪框中间合适的位置后，双击鼠标左键，确认裁剪。

STEP 03 选择【图像】/【画布大小】命令，打开"画布大小"对话框，设置"宽度"为0.4厘米、"高度"为0.4厘米，选择"相对"复选框，"画布扩展颜色"为白色。

STEP 04 单击"确定"按钮，得到图像白色边框效果。

STEP 05 选择【编辑】/【定义图案】命令，设置文件名称为证件照，单击"确定"按钮。

STEP 06 新建一个图像文件，设置"宽度"为11.6英寸，"高度"为7.8英寸，分辨率300像素，背景为白色。

STEP 07 选择【编辑】/【填充】命令，打开"填充"对话框，选择图案为定义的证件照，单击"确定"按钮，得到填充效果，完成证件照的制作。

视频教学
制作证件照

5.5 课后练习

1. 练习 1——*制作"节俭"公益海报*

本实例主要巩固练习图像的复制和粘贴操作，主要针对素材图像的添加。完成后的参考效果如图5-104所示。

素材所在位置：素材 \ 第 5 章 \ 课后练习 \ 双手 .psd、碗 .psd、文字 .psd

效果所在位置：效果 \ 第 5 章 \ "节俭"公益海报 .psd

图 5-104 公益海报效果图

提示：使用渐变工具制作渐变背景，将素材图像分别复制和移动到渐变背景中，再使用套索工具勾选指尖图像，复制选区内的图像，将其放到碗图层上方，最后添加文字图像。

2. 练习 2——*合成"热气球"图像*

很多创意图像都是通过多种素材组合而成，选择合适的素材图像，通过移动、复制等多种调整就可以得到一幅完整的画面，本练习将综合运用本章和前面所学知识，将提供的图像素材合成一幅创意图像作品"天空中的热气球"，完成后的参考效果如图5-105所示。

素材所在位置：素材 \ 第 5 章 \ 课后练习 \ 热气球 .psd、天空 .psd、建筑 .psd、飞机 .psd

效果所在位置：效果 \ 第 5 章 \ "热气球"图像 .psd

图 5-105 热气球图像效果

提示：制作时要注意各素材之间的大小比例关系，以及各素材图像的远近关系。此外，也可在提供的素材基础上再自行搭配一些其他素材，从而制作出不同的合成图像效果。

第6章
使用路径和形状

在Photoshop中运用路径工具和形状工具可以绘制许多复杂的图像。本章主要介绍如何创建路径、编辑路径、路径与选区间的转换，以及使用形状工具绘制出特定形状的操作方法。通过本章的学习，可以轻松绘制出各种复杂的图形，并通过这些图形抠取图像，让工作变得更加轻松便捷。

课堂学习目标

- 掌握路径的创建
- 掌握路径的编辑
- 掌握绘制形状图形的方法

课堂案例展示

使用路径抠图

时尚名片

6.1 创建路径

路径主要通过钢笔工具和形状工具创建而来。所谓路径，就是用一系列锚点连接起来的线段或曲线，可以沿着这些线段或曲线进行描边或填充，还可以转换为选区。

6.1.1 课堂案例——使用路径抠图

案例目标：将瓶子图像抠取出来，放到其他背景图像中，并添加素材图像，得到水中瓶身的图像特殊效果，完成后的参考效果如图 6-1 所示。

知识要点：钢笔工具的基本操作；调整图层顺序；为素材设置不透明度，使其与背景图像融合在一起。

素材文件：素材 \ 第 6 章 \ 使用路径抠图 \ 蓝色背景 .jpg、瓶子 .jpg、水花 1.psd、水花 2.psd

效果文件：效果 \ 第 6 章 \ 使用路径抠图 .psd

图 6-1 效果图

其具体操作步骤如下。

STEP 01 打开"瓶子 .jpg"图像，选择钢笔工具 在瓶身顶部左侧单击，确定起点，如图 6-2 所示。

STEP 02 移动鼠标沿着瓶盖边缘单击，得到折线路径。

STEP 03 继续在瓶盖右侧边缘处单击，同时按住鼠标左键向外拖动，得到曲线路径，并且在端点两头出现了控制杆，如图 6-3 所示。

视频教学
使用路径抠图

STEP 04 按住【Alt】键单击控制杆中间的端点，减去下方的控制杆，然后选择上方的控制杆按住鼠标左键拖动，使曲线的形状与瓶盖的弧度一致，如图 6-4 所示。

技巧 在使用钢笔工具绘制直线路径时，按住【Shift】键可以绘制水平、垂直或以 45° 角为增量的直线段。

图6-2 确定起点

图6-3 绘制曲线段

图6-4 调整曲线段

STEP 05 继续沿着瓶盖边缘处绘制路径，弧形图像使用曲线绘制，直边图像使用直线段绘制，回到起点处后，单击起点得到封闭的路径，如图6-5所示。

STEP 06 选择【窗口】/【路径】命令，打开"路径"面板，可以看到面板中已经自动生成了一个工作路径，如图6-6所示。

STEP 07 单击"路径"面板底部的"将路径作为选区载入"按钮 ，得到瓶身图像选区，如图6-7所示。

图6-5 绘制封闭路径

图6-6 "路径"面板

图6-7 获取选区

STEP 08 打开"蓝色背景.jpg"图像，效果如图6-8所示，使用移动工具直接将选区中的瓶身图像移动到蓝色背景中，放到画面中间，效果如图6-9所示。

STEP 09 打开"水花1.psd"图像，使用移动工具将水花图像直接拖动到蓝色背景中，放到瓶子底部，得到图层2，如图6-10所示。

图6-8 背景图像

图6-9 移动图像

图6-10 添加水花图像

STEP 10 在"图层"面板中选择图层2，按住鼠标左键将其拖动到图层1的下方，并设置图层"不透明度"为50%，得到透明图像效果，如图6-11所示。

STEP 11 打开"水花2.psd"图像，使用移动工具将水花图像移动过来，放到瓶身下方，形成水中瓶子的图像效果，如图6-12所示。

图6-11 调整图层顺序

图6-12 添加其他水花图像

6.1.2 认识路径和锚点

Photoshop 中包括两种矢量工具，钢笔工具和形状工具。钢笔工具可以绘制出自由而不规则的图形，而形状工具则是依靠 Photoshop 自带的一些形状来绘制图形。使用钢笔工具和形状工具绘制图形时，首先要了解路径和锚点的关系。

1. 路径

路径是一种轮廓，虽然它不包括像素，但用户可以使用颜色填充或描边路径。路径可以作为矢量蒙版来控制图层的显示区域。为了方便随时使用，可以将其保存在"路径"面板中。另外，路径可以转换为选区。

路径可以使用钢笔工具和形状工具来绘制。绘制的路径可以是开放式、闭合式和组合式，分别如图6-13、图6-14和图6-15所示。

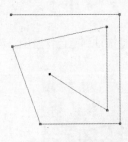

图6-13 开放式路径

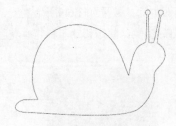

图6-14 闭合式路径

图6-15 组合式路径

2. 锚点

路径是由一个或多个直线段或曲线段组成，而锚点就是线段两头的端点。每个锚点用于显示一条或两条方向线，以方向点结束。方向线和方向点决定曲线段的弧度和形状，如图6-16所示。

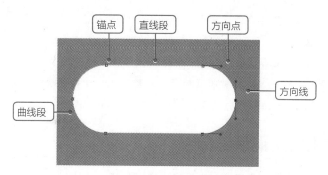

图6-16 路径的组成部分

在路径中有两种类型的锚点，一种是平滑点，另一种是角点。其中平滑点可以组成圆滑的形状，如图6-17所示。角点可以形成直线或转折曲线，如图6-18所示。

图6-17 平滑点状态

图6-18 角点状态

6.1.3 使用钢笔工具

钢笔工具 ✐ 可以绘制任意形状的直线或曲线，且它也是最基础的路径绘制工具。钢笔工具 ✐ 主要有两种功能，分别是绘制矢量图和绘制选区图像。选择钢笔工具后，将显示图6-19所示的钢笔工具属性栏。

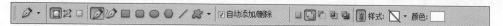

图6-19 "钢笔工具"属性栏

"钢笔工具"属性栏中的选项含义如下。

● 路径操作 ▢▨▢：在该栏中有三种选项，分别是形状、路径和像素，它们分别用于创建形状图层、工作路径和填充区域，选择不同的选项属性栏中将显示相应的选项内容。

● 路径的绘制 ▨▨◯◯／✐▾：在该栏中可以选择绘制路径的固定形状。单击"几何选项"按钮，在弹出的下拉列表框中选中"橡皮带"复选框，可以在移动鼠标时预览两次单击之间的路径线段。图6-20所示为取消选中该复选框的效果；图6-21所示为选中该复选框的效果。

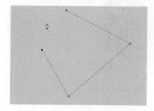

图6-20 未选中复选框

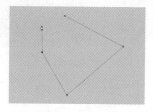

图6-21 选中复选框

● 自动添加/删除：该复选框用于设置是否自动添加/删除锚点。
● 绘制模式![图标]：该栏用于选择绘制路径时的模式，包括"添加到路径选区"、"从路径区域中减去"、"交叉路径区域"和"重叠路径区域除外"几个按钮。
● 自动添加/删除：选中该复选框，将鼠标移动到路径上，光标将变为"添加锚点工具"状态。将鼠标指针移动到路径上，光标将变为"删除锚点工具"状态。

6.1.4 使用自由钢笔工具

绘制自由路径如同使用磁性套索工具绘制自由选区一样，选择工具箱中的自由钢笔工具![图标]或在钢笔工具属性栏中单击"自由钢笔工具"按钮![图标]，都可以切换到该工具，其属性栏如图6-22所示。

图6-22 "自由钢笔工具"属性栏

选择自由钢笔工具，在图像中单击并按住鼠标左键绘制，将得到手动绘制的不规则路径，如图6-23所示。

选中工具属性栏中的"磁性的"复选框，沿图像中颜色对比较大的边缘拖动，在绘制过程中系统会产生一系列具有磁性的锚点，如图6-24所示。

图6-23 不规则的路径

图6-24 显示磁性锚点

![课堂练习图标]**课堂练习**——绘制信封

利用钢笔工具可以绘制各种复杂图形，打开"素材\第6章\课堂练习\粉红背景.jpg"图像文件，本次练习主要通过直线和小部分曲线段绘制出信封的造型，再通过"图层样式"中的"投影"添加各部分图形的阴影，使信封更有立体感，参考效果如图6-25所示（效果文件：效果\第6章\信封.psd）。

图6-25 制作的信封效果

6.2 编辑路径

绘制路径有多种方法，当绘制后的路径不能满足设计者的要求，还可对路径进行编辑修改。下面对路径的基础编辑方法进行介绍。

6.2.1 课堂案例——绘制芒果宝宝

案例目标：通过创建和编辑路径，在背景图像中绘制出一个可爱的卡通形象，参考效果如图6-26所示。

知识要点：钢笔工具的使用；添加锚点、删除锚点、转换点工具的运用。

素材文件：素材\第6章\绘制芒果宝宝\卡通背景.jpg、装饰.psd

效果文件：效果\第6章\芒果宝宝.psd

图6-26 卡通图像效果

其具体操作步骤如下。

STEP 01 打开"卡通背景.jpg"图像，选择钢笔工具，在工具属性栏中单击"形状图层"按钮，设置颜色为黄色"#edd520"，如图6-27所示。

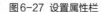

图6-27 设置属性栏

视频教学
绘制芒果宝宝

STEP 02 使用钢笔工具在图像中连续单击，得到一个封闭的直线路径，同时"路径"面板中也将得到一个形状图层，如图6-28所示。

STEP 03 选择转换点工具，单击左上方的锚点，按住鼠标左键拖动，锚点两侧将出现控制杆，效果如图6-29所示。

STEP 04 分别按住两侧的控制杆，即可调整曲线形状，效果如图6-30所示。

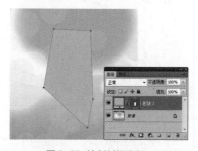

图6-28 绘制封闭路径

图6-29 使用转换点工具

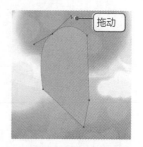

图6-30 调整控制杆

STEP 05 分别对其他几个锚点进行调整，得到芒果图像的基本外形，如图6-31所示。

STEP 06 设置前景色为橘黄色"#f4ba1a"，选择钢笔工具在芒果图像左上方单击，然后在另一处单击，单击的同时按住鼠标左键拖动，直接得到曲线图形，如图6-32所示。

STEP 07 然后在芒果图像底部单击，继续绘制路径，得到曲线段，如图6-33所示。

图6-31 调整锚点

图6-32 绘制曲线

图6-33 继续绘制路径

STEP 08 回到起点处单击并适当拖动，得到封闭式路径，如图6-34所示。

STEP 09 选择转换点工具，单击最底部的锚点，使其变成尖角状态，如图6-35所示。然后分别选择其他锚点，调整控制杆，如图6-36所示。

图6-34 得到封闭路径

图6-35 使用转换点

图6-36 调整曲线

STEP 10 选择添加锚点工具，在曲线中单击添加一个锚点，如图6-37所示。

STEP 11 选择直接选择工具，对添加锚点两侧的控制杆进行调整，得到月牙形图像效果，如图6-38所示。

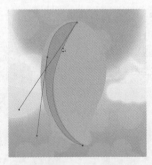

图6-37 添加锚点

图6-38 调整曲线

STEP 12 选择"形状1"图层，按【Ctrl+Enter】组合键将路径转换为选区，然后新建一个图层，使用画笔工具，为选区下端填充橘黄色"f4a81a"，为选区右上方填充淡黄色"f4ec4d"，得到较为立体的图像效果，如图6-39所示。

STEP (13) 选择钢笔工具，在属性栏中单击"路径"按钮，在芒果图像外部绘制一个类似形状的图形，结合转换点工具、添加锚点工具的使用，绘制得到一个边框图形，如图6-40所示。

STEP (14) 这时"路径"面板中将得到一个工作路径，单击面板底部的"将路径作为选区载入"按钮，将路径转换为选区后，填充为黑色，如图6-41所示。

图6-39 绘制图像

图6-40 绘制路径

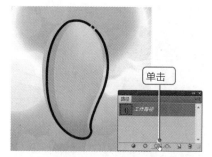

单击

图6-41 填充图像

疑难解答

什么是贝塞尔曲线？它有什么特点？

钢笔工具绘制的曲线就叫做贝塞尔曲线，其原理是在锚点上加上两个控制杆，不论调整哪一个控制杆，另外一个始终与它保持成一条直线并与曲线相切。贝塞尔曲线具有精确和易于修改的特点，被广泛地应用在计算机图形领域，如CrelDRAW、Illustrator等软件都包含绘制贝塞尔曲线的工具。

STEP (15) 选择椭圆选框工具，在芒果图像上方分别绘制两个圆形选区，填充为黑色，然后再使用铅笔工具绘制一个弧形嘴巴图像，如图6-42所示。

STEP (16) 选择椭圆选框工具在黑色圆形下方绘制两个相同大小的圆形选区，填充为橘黄色"#f4a51a"，然后在芒果图像尾部绘制多个大小不一的圆形选区，同样填充为橘黄色"#f4a51a"，如图6-43所示。

STEP (17) 设置前景色为白色，选择铅笔工具，在属性栏中设置画笔大小为20像素，在芒果图像右上方绘制一个白色圆点，和"流汗"的图像效果，如图6-44所示。

图6-42 绘制五官

图6-43 绘制橘色圆点

图6-44 绘制白色图像

STEP (18) 选择钢笔工具在芒果图像顶部绘制叶片图形，填充为绿色"#a3cd60"，如图6-45所示。

STEP **19** 使用铅笔工具，分别在叶片中填充白色和翠绿色"#68b942"，得到树叶的阴影和高光效果，如图6-46所示。

STEP **20** 设置前景色为黑色，在叶片周围绘制一圈黑色边缘，效果如图6-47所示。

图6-45 绘制叶片　　　　　　　图6-46 绘制阴影和高光　　　　　　图6-47 绘制边缘图像

STEP **21** 打开"装饰.psd"图像文件，如图6-48所示，使用移动工具将其拖动到当前编辑的图像中，放到芒果图像上方，如图6-49所示，完成本实例的制作。

图6-48 装饰图像　　　　　　　　　　　图6-49 最终效果

6.2.2　使用路径选择工具

要对路径进行编辑，首先要学会如何选择路径。工具箱中钢笔工具组内的路径选择工具和直接选择工具就是用来实现路径的选择的。选择相应的工具后在路径所在区域单击即可选择路径。

当使用路径选择工具在路径上单击后，将选择所有路径和路径上的所有锚点，如图6-50所示；而使用直接选择工具时，只选中单击处锚点间的路径而不选中锚点，如图6-51所示。

图6-50 使用路径选择工具效果　　　　　　图6-51 使用直接选择工具效果

6.2.3 添加或删除锚点

当绘制完路径后，如果对路径形状不满意，可以为路径添加锚点，从而调整路径的形状。在工具箱中选择添加锚点工具 后，将鼠标指针移动到路径上，当鼠标指针变为 形状时，单击鼠标，即可在单击处添加一个锚点，如图6-52所示。

在路径上除了可以添加锚点外，还可对锚点进行删除。选择删除锚点工具 ，将鼠标指针移动到绘制好的路径锚点上，当鼠标指针变为 形状时，单击鼠标，可将单击处的锚点删除，如图6-53所示。

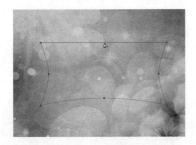

图6-52 添加锚点

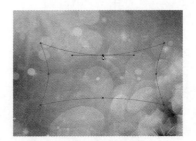

图6-53 删除锚点

6.2.4 改变锚点性质

在绘制路径时，有时会因为路径使用的锚点类型不同而影响路径的形状。此时，可使用转换点工具，来对锚点的类型进行转换，从而调整路径的形状。选择转换点工具 后，在角点上单击，即可选择锚点，如图6-54所示，此时尖角的锚点将被转换为平滑点，再使用鼠标拖动调整路径形状即可，如图6-55所示。

图6-54 选择锚点

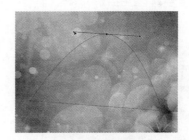

图6-55 转换为平滑点

 技巧 在绘制复杂路径时，经常会为了绘制得更加精细而添加很多锚点。但是路径上的锚点越多，编辑调整时就越麻烦。所以在绘制路径时可以先在转折处添加尖角锚点绘制出大体形状，然后再使用添加锚点工具增加细节或使用转换点工具调整弧度。

6.2.5 填充和描边路径

绘制路径的目的就是为了对其填充或描边，以得到需要的图像效果。下面将分别介绍填充路径和描边路径的方法。

1. 填充路径

在处理图像时，有时还需要对绘制的路径进行填充。绘制完路径后，选择钢笔工具，在路径上单击鼠标右键，在弹出的快捷菜单中选择"填充路径"命令，打开"填充路径"对话框，如图6-56所示。在该对话框中用户可以选择使用"背景色""颜色""图像"等元素填充路径。

2. 描边路径

"描边路径"命令可以对当前使用的所有绘图工具绘制的路径进行描边。该命令绘制效果比"描边"命令更强。用户可为如画笔、铅笔、橡皮擦或仿制图章等工具绘制的路径进行描边。绘制完路径后，选择钢笔工具，在路径上单击鼠标右键，在弹出的快捷菜单中选择"描边路径"命令，打开"描边路径"对话框。在该对话框的"工具"下拉列表框中即可选择需要进行描边的工具。图6-57所示为使用"画笔"工具描边后的图像。

图6-56 填充路径

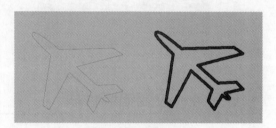

图6-57 描边路径的效果

6.2.6 路径和选区的转换

绘制完路径后，单击"路径"面板底部的"将路径作为选区载入"按钮，即可将路径转换成选区。图6-58所示为要转换的路径，图6-59所示为转换为选区后的效果。

图6-58 路径显示

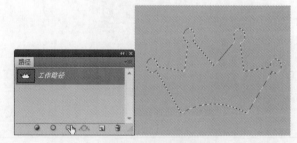

图6-59 路径转换为选区

要将选区转换成路径，只须单击"路径"面板底部的"从选区生成工作路径"按钮即可。

6.2.7 路径的运算

当用户在图像中创建多个路径或形状时，可以在工具属性栏中单击相应的运算按钮，设置子路径的重叠区域的交叉结果。下面首先绘制一个边框图形，单击不同的运算按钮，再绘制一个箭头图形，就会得到不同的运算结果。如单击"添加到形状区域"按钮，将得到图6-60所示的添加效果；单击"从路径区域减去"按钮，将得到图6-61所示的相减效果；单击"交叉形状区域"按钮，将得到图6-62所示的交叉效果。

图6-60 添加图形

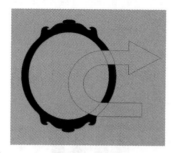

图6-61 减去图形

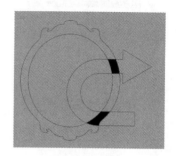

图6-62 交叉图形

6.2.8 复制和删除路径

如果用户想将路径复制一份以便备份，可直接在"路径"面板中将需要复制的路径拖动到"路径"面板下方的"创建新路径"按钮中，如图6-63所示。

如果想将一个图像中的路径应用到另一个路径中时，可对路径进行复制/粘贴操作。具体方法为：选择需要复制的路径，选择【编辑】/【拷贝】命令，打开需要应用的路径，选择【编辑】/【粘贴】命令，如图6-64所示。

图6-63 拖动复制路径

图6-64 选择命令

如果要删除某个不需要的路径，可以将其拖动到"路径"面板下方的"删除当前路径"按钮中，或者选择该路径所有锚点，直接按【Delete】键。

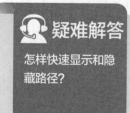疑难解答

怎样快速显示和隐藏路径？

如果要将路径在文档窗口中显示出来，可以在"路径"面板中单击该路径，即可显示。显示路径后，图像窗口中将始终显示该路径，如果不希望显示该路径，可以在"路径"面板的空白区域单击，即可取消对路径的选择，将其隐藏起来。另外，按【Ctrl+H】组合键也可以切换路径的显示与隐藏状态。

利用钢笔工具以及该工具组中的多个编辑路径工具，可以绘制出许多复杂的图形效果。本次练习主要是通过钢笔工具绘制出房屋的基本造型，再通过转换点工具对路径进行编辑，得到房地产标志，最后添加公司名称，参考效果如图6-65所示（效果文件：效果\第6章\房产公司标志.psd）。

图6-65 制作的标志效果

6.3 绘制形状图形

在图像处理过程中，常常要用到一些基本图形，如音乐符号、人物、动物和植物等，使用Photoshop CS5提供的形状工具就可以快速准确地绘制出来。

6.3.1 课堂案例——制作儿童相册内页

案例目标：运用提供的素材，通过多种形状工具为图像添加装饰效果，制作出透明图像、卡通云朵等画面，完成后的参考效果如图6-66所示。

视频教学
制作儿童相册内页

图6-66 效果图

知识要点：椭圆形工具、圆角矩形工具、形状工具的使用。

素材文件：素材\第6章\制作儿童相册内页\小美女.jpg、卡通素材.psd

效果文件：效果\第6章\儿童相册内页.psd

其具体操作步骤如下。

STEP 01 打开"小美女.jpg"图像，按【Ctrl+J】组合键复制背景图层，得到"图层1"，然后选择背景图层，将其填充为白色，如图6-67所示。

STEP 02 按【Ctrl+J】组合键复制一次"图层1"，得到"图层1副本"，选择椭圆工具，在属性栏中单击"形状图层"按钮 ，设置颜色为白色，按住【Shift】键在图像中绘制一个正圆形图像，如图6-68所示。

图6-67 复制并填充图层

图6-68 绘制白色圆形

STEP 03 在"图层"面板中将"形状1"图层移动到"图层1副本"下方，选择【图层】/【创建剪贴蒙版】命令，系统将自动隐藏圆形以外的图像，再选择"图层1"，将图层不透明度设置为45%，效果如图6-69所示。

STEP 04 选择自定形状工具 ，在属性栏中单击"形状"下拉列表框右侧的 按钮，在弹出的面板中选择"云彩"图形，如图6-70所示。

图6-69 制作透明图像效果

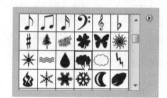

图6-70 选择图形

STEP 05 设置前景色为橘黄色"#ea9b48"，在画面中按住鼠标左键拖动，即可绘制出云朵图形，效果如图6-71所示。

STEP 06 复制绘制的"云彩"，并填充为白色，效果如图6-72所示。

图6-71 绘制橘色云朵

图6-72 绘制白色云朵

STEP 07 使用同样的方法，分别再绘制两个云朵图像，放到画面左下方，如图6-73所示。

STEP 08 选择圆角矩形工具 ，在属性栏中设置"半径"为5厘米，颜色为白色，然后在画面右侧绘制一个竖式的圆角矩形，如图6-74所示。

图6-73 绘制其他云朵图像

图6-74 绘制圆角矩形

STEP 09 选择直排文字工具 **IT**，在圆角矩形中输入文字"最美是童年"，并在属性栏中设置字体为方正少儿简体，填充为橘黄色"#ea9b48"，如图6-75所示。

STEP 10 打开"卡通素材.psd"图像文件，使用移动工具分别将素材图像移动到当前编辑的图像中，参照图6-76所示的样式排放图像，完成本实例的制作。

图6-75 输入文字

图6-76 添加素材图像

6.3.2 矩形工具

使用矩形工具的方法与使用矩形选框工具相同，都可以绘制任意矩形或具有固定长宽的矩形形状。图6-77所示为使用矩形工具绘制的正方形和矩形。选择矩形工具 **▣**，在其工具属性栏中单击 **▪** 按钮，在弹出的"矩形选项"面板中可设置矩形工具的参数，如图6-78所示。

图6-77 绘制矩形

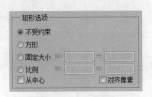

图6-78 参数设置面板

"矩形工具"的各参数作用如下。

●**不受约束**：选中该单选按钮，可绘制任意大小的矩形。

● 方形：选中该单选按钮，可绘制任意大小的正方形。

● 固定大小：选中该单选按钮，在其后的文本框中可设置宽度（W）和高度（H），再使用鼠标在图像中单击即可完成矩形的绘制。

● 比例：选中该单选按钮，在其后的文本框输入宽度（W）和高度（H），之后绘制的矩形将一直按该比例进行绘制。

● 从中心：选中该复选框，鼠标单击绘制的地方将为矩形的中心。

● 对齐边缘：选中该复选框，可使绘制的图像不出现锯齿效果。

6.3.3 圆角矩形工具

圆角矩形工具 可以绘制出具有圆角效果的矩形，其绘制方法与"矩形工具"相同。圆角矩形工具的工具属性栏与矩形工具基本相同，仅多出"半径"选项。该选项用于设置圆角的半径，数值越大圆角角度越大。图6-79所示为半径为20像素的圆角矩形，图6-80所示为半径为50像素的圆角矩形。

图6-79 半径为20像素的圆角矩形　　　　图6-80 半径为50像素的圆角矩形

6.3.4 椭圆工具

椭圆工具 可以绘制椭圆或正圆，其使用方法和参数设置与矩形工具的应用相同，图6-81所示为使用椭圆工具绘制的正圆与椭圆。选择椭圆工具 ，在其工具属性栏中单击 按钮，在弹出的"椭圆选项"面板中可设置椭圆工具的参数，如图6-82所示。

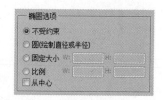

图6-81 绘制的椭圆形　　　　　　　　　图6-82 选项面板

6.3.5 多边形工具

使用多边形工具 可以绘制具有不同边数的多边形形状，如图6-83所示。选择多边形工具，在其

工具属性栏中单击 按钮，在弹出的"多边形选项"面板中可设置多边形工具的参数，如图6-84所示。

图6-83 绘制多边形

图6-84 参数设置面板

"多边形工具"各参数的含义如下。

● 半径：用来定义星形或多边形的半径。

● 平滑拐角：选中该复选框后，所绘制的星形或多边形具有圆滑型拐角，图6-85所示为选中该复选框前后对比效果。

● 星形：选中该复选框后，即可绘制星形形状，图6-86所示为选中该复选框前后的对比效果。

● 缩进边依据：用来定义星形的缩进量。

图6-85 应用"平滑拐角"的对比

图6-86 应用"星形"的对比

6.3.6 直线工具

使用直线工具可以绘制具有不同精细的直线形状，还可以根据需要为直线增加单向或双向箭头，在其工具属性栏中单击 按钮，在弹出的"箭头"面板中可设置直线工具的参数，如图6-87所示，设置不同的参数绘制的箭头形态不一，如图6-88所示。

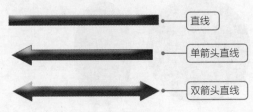

图6-87 参数设置面板

图6-88 各种箭头形态

"箭头"面板中各参数的含义如下。

● 起点/终点：如果要绘制带箭头的直线，则应选中对应的复选框。选中"起点"复选框，表示箭头产生的直线起点，选中"终点"复选框，则表示箭头产生在直线未端。

● 宽度/长度：用来设置箭头的比例。

● 凹度：用来定义箭头的尖锐程度。

6.3.7 自定形状工具

使用自定义形状工具 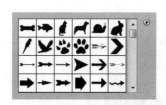 可以绘制系统自带的不同形状，例如人物、花卉和动物等，大大简化了用户绘制复杂形状的难度。

选择自定形状工具 ，在工具属性栏中单击 按钮，在弹出的选项面板中可选择自定形状，如图6-89所示，选择所需图形后，按住鼠标左键在画面中拖动，即可绘制出该图形，如图6-90所示。

图6-89 自定形状面板

图6-90 绘制的图形

课堂练习——绘制时尚名片

本次练习制作一个科技公司的名片，要求版面设计简洁大方。主要利用矩形工具绘制出主要图形，将文字与矩形完美结合，再使用形状工具，选择一种花朵图形，绘制出来放到画面左侧作为装饰，最后添加公司信息等文字，参考效果如图6-91所示（效果文件：效果\第6章\时尚名片.psd）。

图6-91 制作的名片效果

6.4 上机实训——制作运动鞋淘宝广告

6.4.1 实训要求

某淘宝店即将上市一批新的男士运动鞋，为了提前宣传该批产品，要求为该店的本次活动制作一批广告，其中就包括本次实训制作的商品展示广告，广告画面要求体现出运动、活泼的风格，同时要富有宣传冲击力，充满青春的活力。

6.4.2 实训分析

男士产品一般都不采用鲜艳的色彩，主要以冷色或深色为主。一般来说，设计时应多以纯色为主，以简单的背景效果来凸显产品内容，避免喧宾夺主。

本例中的产品广告主要是对男士运动鞋进行宣传，因此背景可以采用较为常见的蓝色和灰色为主色调，将运动鞋放到一个主要的位置，并放大处理，让鞋面颜色与背景色形成一个强烈的反差效果，使得画面富有冲击力，达到宣传的效果。在画面左侧配以适当的文字，并以粗细、大小来区分内容的主次结构，让广告更加完整。本实训的参考效果如图6-92所示。

素材所在位置： 素材\第 6 章\上机实训\运动鞋 .jpg
效果所在位置： 效果\第 6 章\运动鞋淘宝广告 .psd

图6-92 运动鞋海报效果图

6.4.3 操作思路

完成本实训主要包括制作背景效果、抠取运动鞋、添加鞋子投影、添加广告文字4大步操作，其操作思路如图6-93所示。涉及的知识点主要包括钢笔工具的使用，渐变工具的使用，图像的移动、填充等操作。

> **01** 抠取鞋子图像　　　　　　　**02** 制作背景图像

图6-93 操作思路

| ▶ **03** 添加鞋子图像和投影 | ▶ **04** 添加广告文字 |

图6-93 操作思路（续）

【步骤提示】

STEP 01 新建一个图像文件，使用渐变工具为背景图像应用线性渐变填充，设置颜色从浅蓝色到深蓝色。

STEP 02 新建一个图层，使用钢笔工具在画面下方绘制一个梯形，并将其填充为灰色。

视频教学
制作运动鞋淘宝广告

STEP 03 使用画笔工具，在灰色图像与蓝色图像交界处绘制一个投影，并将其放到灰色图像的下方。

STEP 04 打开"运动鞋.jpg"素材文件，使用钢笔工具沿着鞋子边缘绘制轮廓，将其抠取出来。

STEP 05 使用移动工具将鞋子图像拖曳到蓝色背景图像中，适当调整图像大小，并旋转图像，放到画面合适位置，同时为鞋子添加投影。

STEP 06 最后在广告画面左上方输入广告信息文字，并为其添加矩形边框，完成本实例的制作。

6.5 课后练习

1. 练习1——*制作立体卡通小鸡形象*

本次练习将制作一个立体卡通形象，主要练习钢笔工具的使用，绘制出图像的外形，以及其中的各种复杂元素，再通过图层样式的使用，让图像产生立体效果，完成后的参考效果如图6-94所示。

提示：制作时要注意图形周边的节点转换、曲线的绘制等，并注意卡通图像中眼睛、嘴巴的比例。此外，在应用图层样式时，需要使用内投影和投影效果，选择适合的颜色，为图像添加立体效果。

效果所在位置：效果 \ 第6章 \ 立体卡通小鸡效果图 .psd

图6-94 立体卡通小鸡效果图

2. 练习2——*制作卡通气球图像*

通过钢笔工具和形状工具可以绘制各种各样的造型图像，本练习将综合运用本章所学的钢笔工具和形状工具，绘制出气球图像，以及它周围的装饰图形，完成后的参考效果如图6-95所示。

效果所在位置：效果 \ 第 6 章 \ 卡通气球图像 .psd

图6-95 卡通气球效果图

第 **7** 章

图层的应用

在Photoshop中图层的应用是一个非常重要的功能，几乎所有的图像处理都需要使用到图层。本章将讲解图层应用知识，包括图层的创建、编辑、设置图层混合模式、不透明度，以及图层样式的使用等，掌握这些图层的应用知识有利于对图像进行更加细致的编辑。通过本章的学习，可以制作出丰富的图像效果，如自然的图像合成效果，斜面与浮雕、描边与发光效果，快速调整和对比多种图像颜色效果等，并学会管理图层的技巧。

课堂学习目标

- 掌握图层的基本操作
- 掌握图层混合模式和不透明度的设置
- 掌握图层样式使用方法
- 掌握特殊图层的使用

课堂案例展示

制作播放按钮

制作糖果字

7.1 图层的基本操作

图层是 Photoshop 的核心功能之一，有了它才能随心所欲地对图像进行编辑和修饰，没有图层则很难通过 Photoshop 制作出优秀的作品。

7.1.1 课堂案例——制作播放按钮

案例目标：通过对前面所学知识以及本章学习内容制作出图 7-1 所示的效果图。

知识要点：图层的基本操作；为不同的素材设置不同的不透明度和混合模式，使其与背景图像融合在一起。

效果文件：效果 \ 第 7 章 \ 播放按钮 .psd

图7-1 效果图

其具体操作步骤如下。

STEP 01 新建一个图像文件，设置前景色为蓝色"#43b5df"，按【Alt+Delete】组合键填充背景，如图7-2所示。

STEP 02 选择加深工具，在属性栏中设置"范围"为"中间调"，"曝光度"为50%，在背景中进行涂抹，如图7-3所示。

视频教学
制作播放按钮

图7-2 填充颜色

图7-3 加深图像颜色

STEP 03 设置前景色为白色，选择圆角矩形工具，在属性栏中设置"半径"为15像素，并单击按钮，然后在画面中绘制一个圆角矩形，如图7-4所示，这时"图层"面板中将自动生成一个形状图层，如图7-5所示。

STEP 04 结合钢笔工具和直接选择工具的使用，对路径进行编辑，效果如图7-6所示。

图7-4 绘制圆角矩形

图7-5 形状图层

图7-6 编辑路径

STEP 05 选择【图层】/【图层样式】/【渐变叠加】命令，打开"图层样式"对话框，设置渐变颜色从湖蓝色"#0086d8"到天蓝色"#30bfff"，如图7-7所示。

STEP 06 选择对话框左侧的"投影"样式，设置投影颜色为深蓝色"#003056"，其他参数设置如图7-8所示。

STEP 07 选择对话框左侧的"内阴影"样式，设置"混合模式"为"叠加"、内阴影颜色为白色，其他参数设置如图7-9所示。

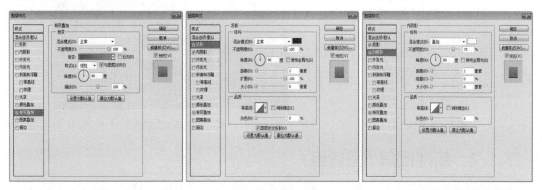

图7-7 设置渐变叠加　　　　　　图7-8 设置投影颜色　　　　　　图7-9 设置内阴影颜色

STEP 08 单击"确定"按钮，这时"图层"面板中将得到添加图层样式后的效果，如图7-10所示。

STEP 09 单击"创建新的图层"按钮 ，新建一个图层，得到图层1，使用椭圆选框工具绘制一个正圆形选区，使用渐变工具对其做灰蓝色到蓝色的线性渐变填充，如图7-11所示。

STEP 10 双击"图层1"，打开"图层样式"对话框，为其添加"投影"和"内阴影"图层样式，参数设置与步骤6和步骤7一致，效果如图7-12所示。

图7-10 添加的图层样式　　　　图7-11 绘制渐变圆形　　　　　图7-12 添加图层样式

STEP 11 选择横排文字工具，在按钮中分别输入文字和尖角符号，设置文字为黑体，尖角符号为方正粗圆简体，填充为白色，如图7-13所示。

STEP 12 选择【图层】/【图层样式】/【投影】命令，打开"图层样式"对话框，设置投影为黑色，其他参数设置如图7-14所示，得到文字的投影效果。

图7-13 输入文字　　　　　　　　　　　图7-14 设置文字投影

STEP 13 新建一个图层2，在"图层"面板中按住鼠标左键将图层2移动到其他图层的下方，如图7-15所示。

STEP 14 设置前景色为黑色，选择画笔工具，在属性栏中设置画笔为柔角，"不透明度"为50%，在按钮图像左侧和下方绘制投影图像，效果如图7-16所示，完成本实例的制作。

图7-15 新建图层　　　　　　　　　　　　　　　图7-16 添加投影样式

7.1.2　新建图层 / 图层组

图层的创建有多种，如在"图层"面板中创建、在图像编辑过程中创建、通过命令进行创建等，下面就对这些新建图层方法进行讲解。

- 通过"图层"面板新建：在"图层"面板中，单击"创建新的图层"按钮 ▫。将在当前图层上方新建一个图层。若用户想在当前图层下方新建一个图层，可按住【Ctrl】键的同时，单击"创建新的图层" ▫ 按钮。

- 通过"新建"命令新建：如果用户想创建已经编辑好名称、混合模式、不透明度等参数的图层，可以选择【图层】/【新建】/【图层】命令或按【Shift+Ctrl+N】组合键，打开"新建图层"对话框，设置名称、模式、不透明度等参数，如图7-17所示。

图7-17 通过"新建"命令创建图层

- 通过"通过拷贝的图层"命令新建：在图像中创建选区后，选择【图层】/【新建】/【通过拷贝的图层】命令或按【Ctrl+J】组合键，可将选区中的图像复制为一个新的图层，如图7-18所示。

图7-18 通过"通过拷贝的图层"命令新建图层

7.1.3 复制图层

用户除可以使用新建图层的方法获得新图层外，还可通过复制的方法获得新图层。复制图层有以下两种方法。

- 在"图层"面板中单击并拖动图层到其底部的"创建新图层"按钮 █ 上，此时鼠标指针变成手形图标，释放鼠标即可复制生成新图层，如图7-19所示。
- 选择【图层】/【复制图层】命令，打开"复制图层"对话框。在"为"文本框中输入新图层的名称，在"文档"下拉列表框中选择新图层要放置的图像文档，如图7-20所示。单击"确定"按钮，即可完成图层的复制。

图7-19 在"图层"面板中复制图层

图7-20 通过对话框复制图层

7.1.4 删除图层

对于不需使用的图层，可以将其删除，删除图层后该图层中的图像也将被删除。删除图层有如下几种方法。

- 通过菜单命令删除图层：在"图层"面板中选择要删除的图层。选择【图层】/【删除】/【图层】命令即可。
- 通过"图层"面板删除图层：在"图层"面板中选择要删除的图层。单击"图层"面板底部的"删除图层"按钮 █ 即可。

7.1.5 链接图层

图层的链接是指将多个图层链接成一组，可以同时对链接的多个图层进行移动、变换和复制操作。选择两个或两个以上的图层，在"图层"面板上单击 █ 按钮或选择【图层】/【链接图层】命令，即可将所选的图层链接起来，如图7-21所示。

图7-21 链接图层

7.1.6　合并与盖印图层

合并图层就是将两个或两个以上的图层合并到一个图层上。较复杂的图像处理完成后，一般都会产生大量的图层，这会使图像变大，使计算机处理速度变慢，这时可根据需要对图层进行合并，以减少图层的数量。

1.　向下合并图层

向下合并图层就是将当前图层与它底部的第一个图层进行合并，例如要合并图7-22所示"图层4"到"图层3"中。可以先选择"图层4"，然后选择【图层】/【合并图层】命令，或按【Ctrl+E】组合键，这样就将"图层4"中的内容合并到了"图层3"中，如图7-23所示。

2.　合并可见图层

合并可见图层就是将所有的可见图层合并成一个图层，选择【图层】/【合并可见图层】命令即可。图7-24和图7-25所示分别为合并前后的图层显示效果。

图7-22　合并前的图层　　图7-23　合并后的图层　　图7-24　合并前的图层　　图7-25　合并后的图层

3.　拼合图层

拼合图层就是将所有可见图层进行合并，而隐藏的图层将被丢弃，选择【图层】/【拼合图像】命令即可。图7-26和图7-27所示分别为拼合前后的图层显示效果。

4.　盖印图层

选择一个图层后，按【Ctrl++Alt+Shift+E】组合键，可以将该图层中的图像盖印到下面的图层中，原图层内容保持不变；选择多个图层后，按【Ctrl++Alt+Shift+E】组合键，可以将这些图层盖印到一个新图层中，原有图层保持不变，盖印图层前后的对比如图7-28所示。

图7-26　拼合前的图层　　　图7-27　拼合后的图层　　　　　　图7-28　盖印图层

7.1.7 改变图层排列顺序

图层中的图像具有上层覆盖下层的特性，所以适当的调整图层排列顺序可以帮助制作出更为丰富的图像效果。

调整图层排列顺序的操作方法非常简单，只须按住鼠标左键将图层拖至目标位置，如图7-29所示，当目标位置显示一条高光线时释放鼠标即可，如图7-30所示。

图7-29 拖动图层

图7-30 调整图层顺序

7.1.8 对齐与分布图层

当"图层"面板中图层较多时，需要对图层进行管理，其中就包括了图层的对齐与分布，下面进行详细讲解。

1. 对齐图层

图层的对齐是指将链接后的图层按一定的规律进行对齐，选择【图层】/【对齐】命令，再在其子菜单中选择所需的命令即可，如图7-31所示。也可通过工具箱中的移动工具来实现对齐，只需单击该工具属性栏中对齐按钮组中相应的对齐按钮 ，从左至右分别为对齐顶边、垂直居中、对齐底边、对齐左边、水平居中和对齐右边。

图7-32所示图像由3个不在同一图层上的图像组合而成，并且将它们进行了链接。

图7-31 对齐菜单

图7-32 链接后的图像

将当前3个链接图层分别进行顶边对齐、水平居中对齐和右边对齐操作，对齐后的效果分别如图7-33、图7-34和图7-35所示。

图7-33 对齐顶边

图7-34 水平居中对齐

图7-35 对齐右边

技巧 选择连续图层顶端的图层，按住【Shift】键不放，再单击连续图层尾端的图层，可以选择多个连续的图层；按住【Ctrl】键的同时，使用鼠标依次单击需要选择的图层，可以选择多个不连续的图层；选择【选择】/【所有图层】命令或按【Ctrl+Alt+A】组合键，可选择除"背景"图层以外的所有图层。

2. 分布图层

图层的分布是指将3个以上的链接图层按一定规律在图像窗口中进行分布。

选择【图层】/【分布】命令，再在其子菜单中选择所需的子命令即可，如图7-36所示，单击移动工具属性栏中"分布"按钮组上的相应的对齐按钮 也可实现分布，从左至右分别为顶边分布、垂直居中分布、底边分布、左边分布、水平居中分布和右边分布。图7-37所示的图像为水平居中分布后的效果。

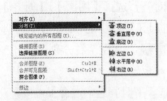
图7-36 分布菜单

图7-37 水平居中分布后的效果

7.1.9 使用图层组

当"图层"面板中的图层过多时，为了能快速找到需要的图层，就可以为图层分别创建不同的图层组，创建图层组主要有如下几种方法。

- 选择【图层】/【新建】/【组】命令。
- 单击"图层"面板右上角的■按钮，在弹出的快捷菜单中选择"新建组"命令。
- 按住【Alt】键的同时单击"图层"面板底部的"创建新组"按钮■。
- 直接单击"图层"面板底部的"创建新组"按钮■。

用前3种方法创建图层组时，都会打开图7-38所示的"新建组"对话框，在其中进行设置后单击"确定"按钮即可建立图层组。直接单击"创建新组"按钮，则不会打开"新建组"对话框，直接新建图层组。

图7-38 新建图层组

7.1.10 栅格化图层内容

对于文字图层、形状图层、矢量蒙版图层和智能对象图层等包含矢量数据的图层，有些操作不能应用，需要将其栅格化以后才能进行相应的编辑。

选择需要栅格化的图层，然后选择【图层】/【栅格化】命令，可以将相应的图层栅格化；或者在"图层"面板中选择该图层并单击鼠标右键，选择"栅格化图层"命令，如图7-39所示；或者在图像中单击鼠标右键，在弹出的快捷菜单中选择"栅格化"命令，如图7-40所示。

图7-39 各种栅格化命令

图7-40 使用菜单栅格化图层

课堂练习——制作春天吊旗效果

在图像中添加图像会自动生成新的图层，将素材添加进去也是同样的道理。打开"素材\第7章\课堂练习\春天.psd、花朵.psd"图像文件，本次练习将移动素材图像，将其添加到新的文件中，通过叠加图层，制作出春天吊旗画面，参考效果如图7-41所示（效果文件：效果\第7章\春天吊旗.psd）。

图7-41 图像效果

7.2 设置混合模式和不透明度

　　图层混合模式是指将上面图层与下面图层的图像进行混合，从而得到另外一种图像效果，而通过设置图层不透明度可以使图像产生透明或半透明效果，它们均在图像合成方面应用广泛。

7.2.1 课堂案例——为人物上色

　　案例目标：本实例将提供一张少女写真照片，但是照片在后期处理时做成了低饱和度图像，现在为了突出人物，要求将面部、手部的皮肤，以及嘴唇添加颜色，让画面整体感觉更加饱满。完成后的图像效果如图7-42所示。

　　知识要点：画笔工具的使用；图层的新建；图层不透明度、图层混合模式的设置。

视频教学
为人物上色

　　素材文件：素材 \ 第 7 章 \ 为人物上色 \ 少女写真 .jpg、文字 .psd

　　效果文件：效果 \ 第 7 章 \ 为人物上色 .psd

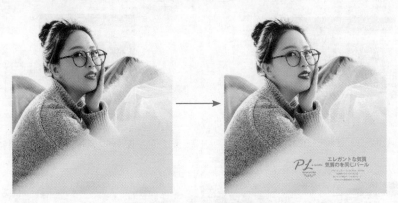

图 7-42　为人物上色前后的效果

　　其具体操作步骤如下。

　　STEP 01　打开"少女写真.jpg"图像，按【Ctrl+J】组合键复制一次"背景"图层，得到"背景副本"图层，如图7-43所示。

　　STEP 02　单击"图层"面板底部的"创建新图层"按钮 ，将得到新的"图层1"，使用套索工具 ，在属性栏中设置羽化值为5像素，沿人物面部周围绘制选区，得到面部选区效果，如图7-44所示。

图 7-43　复制背景图层

图 7-44　新建图层并绘制面部选区

STEP **03** 设置前景色为粉红色"#d09371"，按【Alt+Delete】组合键填充选区，然后将"图层1"的图层混合模式设置为"柔光"，如图7-45所示。

STEP **04** 新建一个图层，得到"图层2"，设置前景色为深红色"#7c2115"，选择画笔工具，沿人物唇部边缘进行涂抹，如图7-46所示。

图7-45 设置图层混合模式

图7-46 涂抹图像

STEP **05** 设置图层2的图层混合模式为"叠加"，得到的图像效果如图7-47所示。

STEP **06** 新建"图层3"，设置前景色为红色"#b32727"，使用画笔工具在人物额头和双腮适当涂抹，效果如图7-48所示。

图7-47 唇部图像效果

图7-48 涂抹图像

STEP **07** 设置图层3的图层混合模式为"滤色"，得到的图像效果如图7-49所示，人物肤色显得更加白里透红。

STEP **08** 打开"文字.psd"图像文件，使用移动工具将其拖动到人物图像中，放到画面右下方，效果如图7-50所示，完成本实例的制作。

图7-49 设置图层混合模式

图7-50 添加文字

147

7.2.2 图层混合模式的类型

在使用Photoshop进行图像合成时，图层混合模式是常用的方法之一，它通过控制当前图层和位于其下的图层之间的像素作用模式，从而使图像产生奇妙的效果。

由于图层混合模式是控制当前图层与下方所有图层的融合效果，所以必然有三种颜色存在，位于下方图层中的色彩为基础色，上方图层为混合色，它们混合的结果称为结果色，如图7-51所示。需要注意的是，同一种混合模式会因为图层不透明度的改变而有所变化。如将深色圆圈的混合模式设置为"溶解"，能够更好地观察到不同图层透明度与下方图层混合效果的影响，如图7-52所示。

图 7-51 图层混合模式的原理　　　　　　　　图 7-52 图层混合效果

Photoshop预设提供了27种图层混合模式，默认状态下为"正常"，在"图层"面板中选择一个图层，单击面板顶部右侧 正常▼ 的▼按钮，在弹出的图7-53所示的下拉列表中即可查看所有图层混合模式，每一组模式间使用划线分隔开，共分为6组，每一组的混合模式都可以产生相似的效果或有着近似的用途。6组图层混合模式的作用介绍如下。

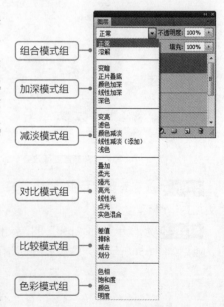

图 7-53 查看图层混合模式

- 组合模式组：该组模式只有降低图层的不透明度，才能产生效果。
- 加深模式组：该组模式可使图像变暗，在混合时当前图层的白色将被较深的颜色所代替。
- 减淡模式组：该组模式可使图像变亮，在混合时当前图层的黑色将被较浅的颜色所代替。
- 对比模式组：该组模式可增强图像的反差，在混合时50%的灰度将会消失，亮度高于50%灰色的像素可加亮图层颜色，亮度低于50%灰色的图像可降低图层颜色。
- 比较模式组：该组模式可比较当前图层和下方图层，若有相同的区域，该区域将变为黑色。不同的区域则显示为灰度层次或彩色。若图像中出现了白色，则白色区域将会显示下方图层的反相色，但黑色区域不发生变化。
- 色彩模式组：该组模式可将色彩分为色相、饱和度和亮度这3种成分，然后将其中的一种或两种成分互相混合。

知识链接
各混合模式详解

图7-54所示为"蝴蝶"图像在部分图层混合模式下与背景图像的混合效果预览。

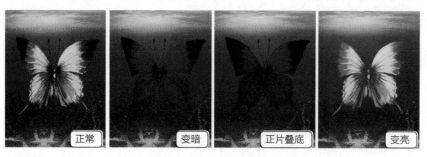

高清彩图
常见混合模式

图7-54 不同类型图层混合模式的效果

7.2.3 图层不透明度

通过设置图层不透明度可以使图层产生透明或半透明效果，方法是在"图层"面板右上方的"不透明度"数值框中输入数值，其范围是0~100%，不透明度值越小，就越透明，如100%代表完全不透明、50%代表半透明、0%则表示完全透明。

课堂练习 ——改变眼睛图像的色调

利用图层混合模式还可以进行更改眼球颜色等上色处理。打开"素材\第7章\课堂练习\眼睛.jpg"图像，该图像中的眼睛为灰蓝色调，练习使用渐变工具和"叠加"图层混合模式将眼球处理为彩色，参考效果如图7-55所示（效果文件：效果\第7章\改变眼睛色调.psd）。

图7-55 为眼球上色前后的效果

7.3 添加和管理图层样式

Photoshop内置了多种图层样式，使用它们只须设置相应的参数就可以轻松地制作出投影、外发光、内发光、浮雕、描边等图像效果。

7.3.1 课堂案例——制作糖果字

案例目标： 本实例将输入英文文字，并通过添加多种图层样式，制作出立体文字效果。完成后的图像效果如图7-56所示。

知识要点： 文字工具的使用；图层样式的应用；等高线的设置等。

素材文件：素材 \ 第 7 章 \ 制作糖果字 \ 粉色背景 .jpg、纹理 .jpg

效果文件：效果 \ 第 7 章 \ 糖果字 .psd

图 7-56 图像效果

其具体操作步骤如下。

STEP 01 打开"粉色背景.jpg"图像，选择横排文字工具，在图像中间输入大写英文文字"CANDY"，在属性栏中设置字体为Cooper Black，填充为白色，如图7-57所示。

STEP 02 选择【图层】/【图层样式】/【斜面和浮雕】命令，打开"图层样式"对话框，设置"样式"为"内斜面"、"深度"为72%、"大小"为6像素、"软化"为1，如图7-58所示。

视频教学
制作糖果字

图 7-57 输入文字

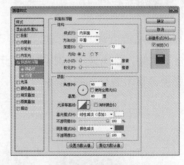

图 7-58 设置浮雕效果

STEP 03 选择对话框左侧的"投影"选项，单击"混合模式"右侧的色块，设置投影为黑色，再设置各项参数，如图7-59所示。

STEP 04 选择对话框左侧的"内阴影"选项，设置内阴影为黑色，再设置各项参数，如图7-60所示。

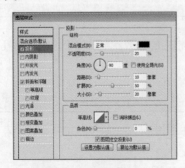

图 7-59 设置"投影"样式

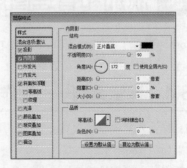

图 7-60 设置"内阴影"样式

STEP 05 单击"确定"按钮,得到添加图层样式的文字效果,如图7-61所示。

STEP 06 打开"纹理.jpg"图像,选择【编辑】/【定义图案】命令,打开"定义图案"对话框,单击"确定"按钮,得到定义图案效果,如图7-62所示。

图7-61 文字效果

图7-62 定义图案

STEP 07 双击文字图层,打开"图层样式"对话框,选择"图案叠加"选项,单击"图案"右侧的三角形按钮,在弹出的面板中选择定义的纹理图案,如图7-63所示。

STEP 08 选择对话框左侧的"外发光"选项,设置外发光为黑色,再设置各项参数,如图7-64所示。

STEP 09 选择对话框左侧的"内发光"选项,设置内发光为淡黄色"#ffffbe",单击"等高线"右侧的缩略图标,在弹出的面板中选择"锥形"样式,如图7-65所示。

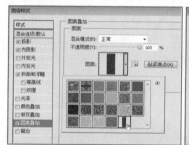

图7-63 设置"图案叠加"样式

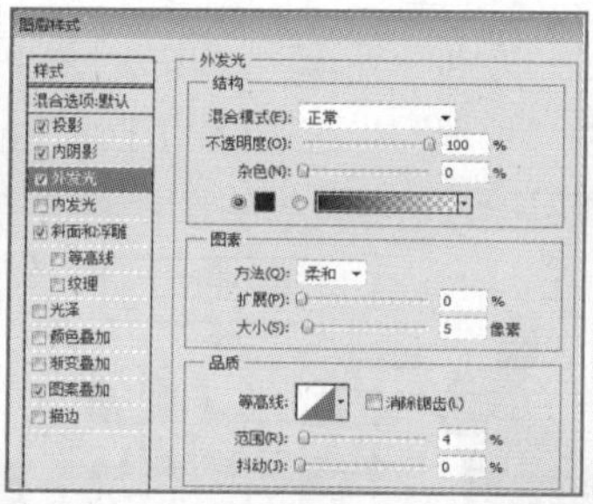

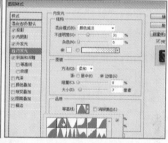

图7-64 设置"外发光"样式

图7-65 设置"内发光"样式

STEP 10 选择对话框左侧的"颜色叠加"选项,设置叠加颜色为玫红色"#d00e69","混合模式"为"颜色",再设置各项参数,如图7-66所示。

STEP 11 选择对话框左侧的"渐变叠加"选项,设置渐变叠加为灰白渐变色,"混合模式"为"叠加",再设置各项参数,如图7-67所示。

STEP 12 选择对话框左侧的"描边"选项,设置描边为玫红色到黑色到玫红色的渐变颜色,再设置各项参数,如图7-68所示。

图7-66 设置"颜色叠加"样式

图7-67 设置"渐变叠加"样式

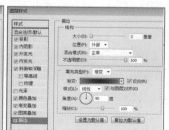

图7-68 设置"描边"样式

STEP **13** 单击"确定"按钮，得到添加图层样式后的图像效果，如图7-69所示，完成本实例的制作。

图7-69 文字效果

7.3.2 添加图层样式

Photoshop提供的图层样式主要用于制作图像的浮雕、纹理、投影、发光、玻璃、金属等质感和图像效果，添加样式时可以打开"图层样式"对话框进行设置，并可以叠加使用。下面介绍常用图层样式的效果及主要参数设置。

1. 斜面和浮雕

使用"斜面和浮雕"样式可以为图层添加高光和阴影的效果，让图像看起来更加立体生动。设置不同的"样式"、"方法"及"方向"等选项，可以产生不同的浮雕效果。"纹理"和"等高线"是斜面和浮雕的副选项，其中"纹理"是通过设置图案产生凹凸的画面感；"等高线"可以对图像的凹凸、起伏进行设置。该图层样式主要参数及效果如图7-70所示。

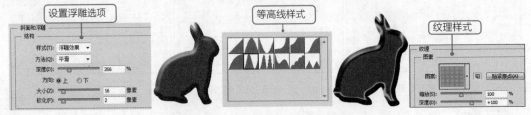

图7-70 "斜面和浮雕"样式主要参数

技巧 不同的等高线会对图像产生不同的效果，如果系统内置的等高线不能满足要求，可单击等高线缩略图标，然后在打开的"等高线编辑器"对话框中通过编辑等高线来得到自定义等高线。

2. 投影和内阴影

使用"投影"样式可以为图层图像添加投影效果，常用于增加图像立体感，其中"混合模式"用于设置投影与下面图层的混合方式；"角度"用于设置投影效果在下方图层中显示的角度；"距离"用于设置投影偏离图层内容的距离，数值越大，偏离的越远；"大小"用于设置投影的模糊范围，数值越高，模糊范围越广；"扩展"用于设置扩张范围，该范围直接受"大小"选项影响，效果如图7-71所示。

"内阴影"样式可以在图像内容的边缘内侧添加阴影效果，它的设置方式与投影样式几乎相同，区别在于它能使物体产生下沉感，制作陷入的效果，如图7-72所示。

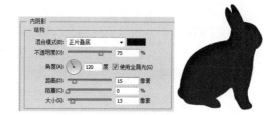

图7-71 "投影"样式　　　　　　　　　　图7-72 "内阴影"样式

3. 外发光和内发光

使用"外发光"样式，可以沿图像边缘向外创建发光效果。分别设置几种不同的外发光参数，可以得到不同的外发光效果，如图7-73所示。

使用"内发光"可沿着图像内容的边缘内侧添加发光效果，与外发光的使用方法基本相同，只是多了一个"源"选项。"源"用于控制发光光源的位置，其中选中"居中"单选按钮，将从图层内容中间发光，选中"边缘"单选按钮，将从图层内容边缘发光，如图7-74所示。

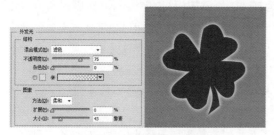
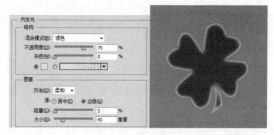

图7-73 "外发光"样式　　　　　　　　　图7-74 "内发光"样式

4. 光泽

使用"光泽"样式可以为图层图像添加光滑而有内部阴影的效果，常用于模拟金属的光泽效果。其原理是将图像复制两份后在内部进行重叠处理，拖动"距离"下方的滑块，会看到两个图像重叠的过程。光泽样式一般很少单独使用，大多是配合其他样式起到提高画面质感的效果。

5. 颜色、渐变与图案叠加

这三种样式都是覆盖在图像表面的，"颜色叠加"样式可以为图层图像叠加自定的颜色；"渐变叠加"样式，可为图层图像中的纯色添加渐变色，从而使图层图像颜色看起来更加丰富、饱满；"图案叠加"样式，可以为图层图像添加指定的图案，如图7-75所示。

图7-75 渐变叠加与图案叠加样式

6. 描边

使用"描边"样式可以使用颜色、渐变或图案等对图层图像边缘进行描边，为图像添加"描边"样式可以随心所欲地对描边效果进行调整，描边的方向主要有内外两种，其中向内的描边会随着宽度增加出现越来越明显的圆角线性，如果要保持物体的轮廓，应设定较小的宽度值，如图7-76所示。

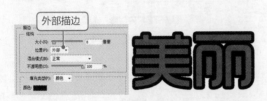

图7-76 两种描边样式

7.3.3 复制与清除图层样式

创建的图层样式还可以通过复制的方式快速为其他图层添加相同的图层样式，以提高工作效率。方法是，选择带有图层样式的图层，选择【图层】/【图层样式】/【拷贝图层样式】命令，选择要应用相同图层样式的图层后，选择【图层】/【图层样式】/【粘贴图层样式】命令即可。

当图像中不需要使用图层样式时，还可以将图层样式清除，方法有如下三种。

● 在"图层"面板中选择需要清除的某个样式并将其拖动到底部的"删除"按钮 🗑 上，即可清除相应的图层样式，如图7-77所示。

● 在"图层"面板中选择需要清除全部样式的图层右侧的 *fx* 图标并将其拖动到底部的"删除"按钮 🗑 上，即可将该图层上的所有图层样式清除。

● 在"图层"面板中选择需要清除全部样式的图层，单击鼠标右键，在弹出的快捷菜单中选择"清除图层样式"命令，即可将该图层上的所有图层样式清除，如图7-78所示。

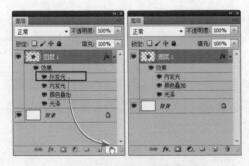

图7-77 清除一种图层样式   图7-78 清除全部图层样式

7.3.4 显示与隐藏图层样式

在"图层"面板上单击图层样式效果前面对应的 👁 按钮，即可将该图层样式在图像中隐藏，再次单击可以恢复显示。单击 按钮右侧的下拉箭头，可以将图层样式在"图层"面板中收缩显示，再次单击则可展开显示。

7.3.5 使用"样式"面板

选择【窗口】/【样式】命令,在打开的"样式"面板中提供了Photoshop中的各种预设图层样式,选择一个图层,在样式面板中单击应用一个样式,即可快速为图像添加预设好的图层样式效果,如图7-79所示。

图7-79 使用"样式"面板

疑难解答 | 图层太多时,在图像中怎样才能快速选择图像?

在编辑图像时很多用户都会遇到需要在图像窗口中直接选择下层的某个图像而选错的情形,有两种方法可以提升选择效率:一是在图像窗口中先按住【Ctrl】键不放,然后单击图像可见区域,即可快速切换至该图像所在图层;二是在图像窗口中要选择的图像区域单击鼠标右键,在弹出的快捷菜单中列出了当前位置的重叠图像的图层名称,选择要切换至的图层名称即可,如图7-80所示。

图7-80 利用右键菜单选择图像

课堂练习 ——制作水晶按钮

为图像添加图层样式和设置不透明度,可以制作出透明水晶质感的图像效果。为图像填充背景,然后打开"素材\第7章\课堂练习\纹理.psd"图像,添加纹理,并绘制出图标外形,添加图层样式,再绘制透明图像,得到图标的立体效果,参考效果如图7-81所示(效果文件:效果\第7章\水晶按钮.psd)。

图7-81 水晶按钮效果

7.4 特殊图层的使用

我们知道在图像合成处理时，如果发现某个图层上图像在色彩与色调上出现偏差时，就可以通过色彩或色调命令来加以调整，但一次只能调整一个图层，并且不方便修改。本节就将介绍通过创建调整图层来同时调整多个图层上的图像，并且还可以便捷的对图像进行修改。

7.4.1 课堂案例——调整小清新色调

案例目标： 本实例将调整人物图像颜色，让灰暗的色调变得明亮起来，并且在色调上要求调整出清新真实的色彩感觉。完成后的图像效果如图7-82所示。

知识要点： 文字工具的使用；图层样式的应用；等高线的设置等。

素材文件： 素材＼第7章＼调整小清新色调＼粉红女孩.jpg

效果文件： 效果＼第7章＼调整小清新色调.psd

图7-82 图像前后对比效果图

其具体操作步骤如下。

STEP 01 打开"粉红女孩.jpg"图像，选择【图层】/【新建填充图层】/【纯色】命令，打开"新建图层"对话框，如图7-83所示。

STEP 02 单击"确定"按钮，将进入"拾取实色"对话框，设置颜色为白色，如图7-84所示。

视频教学
调整小清新色调

图7-83 创建填充图层

图7-84 设置颜色

STEP 03 单击"确定"按钮，返回图像编辑区，图像将填充为白色，而"图层"面板中将自动得到一个填充图层，效果如图7-85所示。

STEP 04 设置该填充图层的"不透明度"为92%，图层混合模式为"柔光"，得到的图像效果如图7-86所示。

图7-85 创建的填充图层

图7-86 图像效果

STEP 05 选择【图层】/【新建调整图层】/【曲线】命令，如图7-87所示，在打开的对话框中保持默认设置，单击"确定"按钮。

STEP 06 这时将进入"属性"面板，调整图像曲线，增加图像亮部色调，降低暗部色调，使图像对比度更加明显，如图7-88所示。

图7-87 创建调整图层

图7-88 调整曲线效果

STEP 07 调整好曲线后，"图层"面板中将自动增加一个调整图层，如图7-89所示。

STEP 08 单击"图层"面板底部的"创建新的填充或调整图层"按钮 ⊘ ，在弹出的菜单中选择"色相/饱和度"命令，如图7-90所示。

STEP 09 在"属性"面板中分别选择"红色"和"黄色"进行调整，增加这两种颜色的饱和度和明度，如图7-91所示。

图7-89 创建的调整图层

图7-90 选择命令

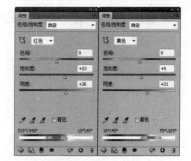

图7-91 调整图像色调

STEP 10 分别创建"自然饱和度"和"色阶"调整图层，增加图像的色彩饱和度和亮度，如图7-92所示，得到的图像效果如图7-93所示。

图 7-92 调整图像

图 7-93 图像效果

STEP 11 选择背景图层，按【Ctrl+J】组合键复制一次背景图层，并选择复制的图层将其拖动到"图层"面板顶部，如图7-94所示。

STEP 12 单击"图层"面板底部的"添加图层蒙版"按钮，为复制的背景图层添加图层蒙版，并填充为黑色。

STEP 13 设置前景色为白色，使用画笔工具，对人物头发图像进行涂抹，得到自然发色效果，如图7-95所示。

图 7-94 复制移动图层

图 7-95 处理头发图像

STEP 14 选择套索工具，在属性栏中设置羽化值为10像素，沿人物面部轮廓勾选，得到人物面部选区，如图7-96所示。

STEP 15 单击"图层"面板底部的"创建新的填充或调整图层"按钮 ⊘.，在弹出的菜单中选择"色相/饱和度"命令，分别选择"红色"和"黄色"进行，调整肤色饱和度和色调，如图7-97所示，得到的调整效果如图7-98所示，完成本实例的制作。

图 7-96 绘制选区

图 7-97 调整面部色调

图 7-98 最终效果

7.4.2 使用调整图层

调整图层类似于图层蒙版，它由调整缩略图和图层蒙版缩略图组成，如图7-99所示。

调整缩略图由于创建调整图层时选择的色调或色彩命令不一样而显示出不同的图像效果；图层

蒙版随调整图层的创建而创建，默认情况下填充为白色，即表示调整图层对图像中的所有区域起作用；调整图层名称会随着创建调整图层时选择的调整命令来显示，例如当创建的调整图层是用来调整图像的"色彩平衡"时，则名称为"色彩平衡1"。

选择【图层】/【新建调整图层】命令，并在弹出的子菜单中选择一个调整命令，如图7-100所示，这里选择"色相/饱和度"命令。

图7-99 调整图层

图7-100 调整命令

在打开的"新建图层"对话框中单击"确定"按钮，如图7-101所示，在打开的"属性"面板中进行参数调整，这时在"图层"面板中将自动得到一个调整图层，如图7-102所示。调整图层创建后，如果觉得图像不理想，还可以双击调整图层缩略图，进入"属性"面板继续调整图像。

图7-101 新建调整图层

图7-102 调整参数并得到图层

7.4.3 使用填充图层

填充图层是一种比较特殊的图层，它可以使用纯色、渐变或图案填充图层。它与普通图层一样，可以设置图层混合模式、不透明度，以及编辑图层蒙版等。选择【图层】/【新建填充图层】命令，在菜单中可以看到这三种填充命令，如图7-103所示。

●纯色填充图层：纯色填充图层可以用一种颜色填充图层，并带有一个图层蒙版。填充效果如图7-104所示。

图7-103 填充图层命令

图7-104 填充图层效果

●渐变填充图层：渐变填充图层可以用一种渐变色填充图层，并带有一个图层蒙版。选择该命令将打开"渐变填充"对话框，如图7-105所示，单击其中的渐变色条，设置渐变颜色，即可得到渐变填充图层。

●图案填充图层：图案填充图层可以用一种图案填充图层，并带有一个图层蒙版。选择该命令将打开"图案填充"对话框，如图7-106所示，单击图案缩略图，在弹出的面板中选择所需的图案，即可得到图案填充效果。

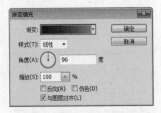

图7-105 "渐变填充"对话框

图7-106 "图案填充"对话框

课堂练习 ——制作口红广告

在背景图像中添加透明图像，可以为画面增加朦胧感。本次练习将在背景图像中绘制一个白色矩形，并降低其图层不透明度，得到具有朦胧感的背景效果，然后打开"素材 \ 第 7 章 \ 课堂练习 \ 红色花朵 .psd、口红 .psd、文字 .psd"图像，分别将其拖动到背景图像中，调整适合的大小和位置即可，参考效果如图 7-107 所示（效果文件：效果 \ 第 7 章 \ 口红广告 .psd）。

图7-107 口红广告

7.5 上机实训——制作紫色光环

7.5.1 实训要求

本次实训要求制作一个带有立体效果的光环图像，该图像应具有神秘色彩感，并且外表发光，内部有镶嵌图饰。

7.5.2 实训分析

紫色一般被认为是一种神秘色调，配合较暗的颜色，能够起到突出主体的效果，本例中使用紫色为背景，并绘制多个圆形，对其添加图层样式，将圆环也制作成透明紫色效果，最后再添加白色渐变样式的倒影，让立体感更强。本实训的参考效果如图7-108所示。

效果所在位置： 效果 \ 第 7 章 \ 紫色光环 .psd

视频教学
制作紫色光环

图7-108　效果图

7.5.3　操作思路

完成本实训主要包括制作渐变背景、制作多个渐变圆环、制作立体花朵、添加高光和倒影图像4大步操作，其操作思路如图7-109所示。涉及的知识点主要包括椭圆选框工具的使用、"渐变叠加"样式的使用、"外发光"样式的使用等。

01 制作渐变背景和第一个圆环　　02 制作其他渐变圆环

03 制作花朵图像投影　　04 制作高光和倒影图像

图7-109　操作思路

【步骤提示】

STEP 01　新建一个图像文件，使用渐变工具对背景做径向渐变填充，设置颜色从紫色

"#e307dc" 到深紫色 "#150114"，

STEP 02 选择椭圆选框工具，通过相减的方式绘制出圆环图形，并应用线性渐变填充。

STEP 03 选择自定形状工具，绘制花朵图形，并对其应用"投影"和"描边"样式。

STEP 04 绘制椭圆选区作为高光和倒影，填充为白色，并对其应用外发光效果。

7.6 课后练习

1. 练习1——*处理建筑效果图*

打开图7-66所示的"建筑图.jpg"图像，选择白色背景将其删除，然后添加蓝天白云图像，再运用调整图层，调整画面亮度和色调，效果如图7-110所示。

素材所在位置：素材 \ 第7章 \ 课后练习 \ 建筑图 .jpg、蓝天白云 .jpg

效果所在位置：效果 \ 第7章 \ 建筑效果图 .psd

图7-110 对比效果

2. 练习2——*制作浪漫海岛图*

图层的运用在图像合成及创意类作品中运用比较广泛，本练习将综合运用本章和前面所学知识，将提供的图像素材合成一幅创意图像作品"浪漫海岛"，完成后的参考效果如图7-111所示。

素材所在位置：素材 \ 第7章 \ 课后练习 \ 海水 .jpg、椰子树 .psd、海岛 .psd、岛屿 .psd、小鸟 .psd、海豚 .psd

效果所在位置：效果 \ 第7章 \ 浪漫海岛 .psd

图7-111 "浪漫海岛"效果图

第8章
调整图像色彩和色调

在使用Photoshop处理人像或风景照时，会发现由于拍摄时出现的各种原因，可能造成图像拍摄出来的效果差强人意。此时，就可以使用Photoshop的调色技术对图像的颜色进行调整。

Photoshop中包含了多个调色命令，搭配使用不同的调色命令可以得到很多意想不到的图像效果。

课堂学习目标

● 掌握图像色彩与色调的调整方法
● 掌握特殊色调的调整方法

课堂案例展示

艳丽色调照片

美丽星空

复古色调图像

8.1 调整色彩与色调

利用Photoshop中"调整"子菜单中的各种颜色调整命令，可以对图像进行偏色矫正、反相处理、明暗度调整等操作。用户需要对这些命令有一定了解，才能快速对图像颜色进行调整。

8.1.1 课堂案例——夏天变秋天

案例目标：运用提供的素材，通过对图像的色彩与色调的调整把图像从夏天风景变成秋天风景，效果如图 8-1 所示。

知识要点：图像色彩与色调的调整让图像呈现不同风格。

素材文件：素材 \ 第 8 章 \ 夏天变秋天 \ 风景 .jpg

效果文件：效果 \ 第 8 章 \ 夏天变秋天 .psd

图8-1 图像前后对比效果图

其具体操作步骤如下。

STEP 01 打开"风景.jpg"图像，可以看到图像整体较暗，按【Ctrl+J】组合键复制一次背景图层备用，如图8-2所示。

STEP 02 选择【图像】/【调整】/【曲线】命令，打开"曲线"对话框，分别在曲线上添加两个节点，拖动上方的节点，调整亮部区域；拖动下方的节点，增加暗部区域亮度，如图8-3所示。

视频教学
夏天变秋天

图8-2 复制图层

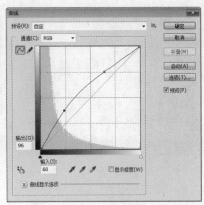

图8-3 调整曲线

STEP 03 单击"确定"按钮,得到增加图像亮度的效果,如图8-4所示。

STEP 04 选择【图像】/【调整】/【自然饱和度】命令,打开"自然饱和度"对话框,分别
调整图像中的"自然饱和度"和"饱和度"参数为14、45,如图8-5所示。

图8-4 图像效果

图8-5 增加图像饱和度

STEP 05 选择【图像】/【调整】/【色相/饱和度】命令,打开"色相/饱和度"对话框,
首先改变全图色调,将"色相"调整为-45,"饱和度"调整为19,将图像整体色调调整的偏红,
如图8-6所示。

STEP 06 然后在"色相/饱和度"对话框中选择"红色",调整"色相"为45,降低"饱和度"
为-33,如图8-7所示。

图8-6 调整全图色调

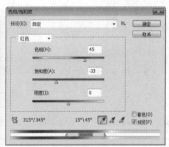

图8-7 调整红色调

STEP 07 在"色相/饱和度"对话框中选择"绿色",调整"色相"为-26、"饱和度"为0,
如图8-8所示。

STEP 08 单击"确定"按钮,得到调整色调后的图像效果,如图8-9所示。

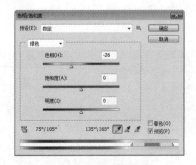

图8-8 调整绿色调

图8-9 图像效果

STEP 09 选择【图像】/【调整】/【亮度/对比度】命令,打开"亮度/对比度"对话框,调

整图像整体亮度为43，如图 8-10 所示。

STEP 10 按【Ctrl+J】组合键复制一次图层，得到"背景 副本 2"图层，选择【滤镜】/【渲染】/【镜头光晕】命令，在打开的"镜头光晕"对话框中选择"镜头类型"为"50～300毫米变焦"，在缩览图顶部单击确定光源位置，然后设置"亮度"为127%，如图8-11所示，将得到光照图像效果。

图 8-10 复制图层   图 8-11 制作光照效果

STEP 11 将"背景 副本 2"图层的混合模式设置为"叠加"，图像效果如图8-12所示。

STEP 12 单击图层面板底部的"添加图层蒙版"按钮 ◻️，设置前景色为黑色，使用画笔工具对阳光以外的图像进行涂抹，隐藏该部分图像，效果如图8-13所示，完成本实例的制作。

图 8-12 设置图层混合模式   图 8-13 添加图层蒙版

8.1.2 自动调整颜色

在Photoshop中有几个简单的快速调色命令，分别是"自动色调"、"自动对比度"和"自动颜色"命令，使用这几个命令可以快速校正数码相片中出现的明显偏色、对比度过低、颜色暗等问题。执行这些命令时，Photoshop并不会打开对应的对话框，而是自行进行设置。图8-14所示为使用"自动色调"快速校正了图像色调的效果。

图 8-14 使用"自动色调"命令前后对比效果

8.1.3 亮度和对比度

"亮度/对比度"命令可对图像中的色调区域进行调整，其操作方法简单，但调整图像的颜色效果不够精准。打开图8-15所示的图像，选择【图像】/【调整】/【亮度/对比度】命令，打开"亮度/对比度"对话框，在其中可对图像的色调进行调整，效果如图8-16所示。

图8-15 风景图像

图8-16 增加图像亮度/对比度

"亮度/对比度"对话框中各选项作用如下。

● 亮度：用于设置图像的整体亮度，将滑块向左拖动可降低图像亮度，反之则增加图像亮度。

● 对比度：用于设置亮度对比的强烈程度，数值越高对比越强。

● 使用旧版：选中该复选框，可得到与Photoshop CS3以前的版本相同的调整结果。

8.1.4 色彩平衡

使用"色彩平衡"命令可以在图像原色的基础上根据需要来添加其他颜色，或通过增加某种颜色的补色，以减少该颜色的数量，从而改变图像的原色彩。选择【图像】/【调整】/【色彩平衡】命令，打开图8-17所示的"色彩平衡"对话框。

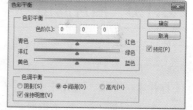

图8-17 "色彩平衡"对话框

"色彩平衡"对话框中各选项作用如下。

● 色彩平衡：用于在"阴影"、"中间调"或"高光"中添加过渡色来平衡色彩效果，分别对应"色阶"对话框中的暗部色调、中间色调和亮部色调。打开一张素材图像，如图8-18所示，为图像增强青色和绿色，效果如图8-19所示。

图8-18 打开图像

图8-19 增加颜色效果

● 色调平衡：用于指定对图像中的某个色调进行调整。图8-20所示为对高光色调增强青色和蓝色的效果。选中"保持明度"复选框，在调整图像色彩时可保证色调不发生变化。

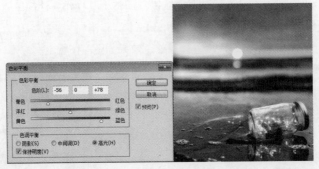

图8-20 对高光色调增强青色和蓝色效果

8.1.5　去色

使用"去色"命令可以去掉图像的颜色，只显示具有明暗度的灰度颜色，选择【图像】/【调整】/【去色】命令或按【Shift+Ctrl+U】组合键即可。

 提示　去色命令和将图像转换为灰度图像命令的效果类似，但原理完全不同。将图像转换为黑白效果的处理方法，经常用于纪实照片、怀旧照片或需要营造悲伤气氛的照片；而去色可以将图像转换为灰色色调后，结合滤镜、图层混合模式等功能制作出特殊图像效果。

8.1.6　照片滤镜

使用"照片滤镜"命令可以模拟传统光学滤镜特效，使图像呈暖色调、冷色调或其他颜色色调显示。

打开素材图像，选择【图像】/【调整】/【照片滤镜】命令，打开"照片滤镜"对话框，在其中可以选择"滤镜"下拉菜单进行调整，也可以单击颜色块选择颜色进行调整，如图8-21所示。

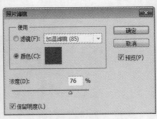

图8-21 使用"照片滤镜"为图像添加蓝色调

"照片滤镜"对话框中各选项作用如下。

● 滤镜：用于选择Photoshop预设的颜色滤镜。

● 颜色：选中该单选按钮，用户可在打开的"拾色器（照片滤镜颜色）"对话框中设置需要添加的滤镜颜色。

● 浓度：用于设置滤镜颜色应用到图像中的百分比，数值越高颜色越深。

● 保留明度：选中该复选框，可以使图像原有的明度不受影响。

8.1.7　变化

使用"变化"命令可以直观地为图像增加或减少某些色彩，还可以方便地控制图像的明暗关系。选择【图像】/【调整】/【变化】命令，打开图8-22所示的"变化"对话框。

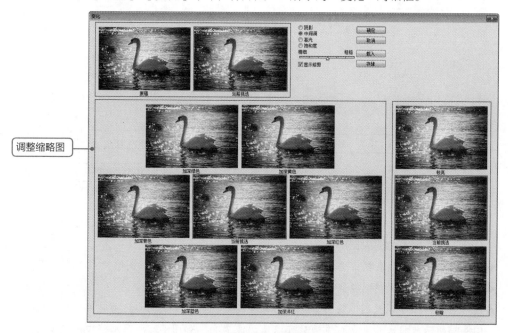

图8-22　"变化"对话框

"变化"对话框中各选项作用如下。

● 原稿/当前挑选："原稿"缩略图用于显示原始图像；"当前挑选"缩略图用于显示图像调整后的效果。

● 阴影/中间调/高光：用于对图像的阴影、中间调和高光进行调节。

● 饱和度：选中该单选按钮，在对话框下方显示出"减少饱和度"、"当前挑选"和"增加饱和度"3个缩略图。单击"减少饱和度"缩略图将减少图像饱和度；单击"增加饱和度"缩略图将增加图像饱和度。

● 精细/粗糙：用于设置每次进行调整的量，每调整一格出现的调整量将双倍增加。

● 显示修剪：选中该复选框，将显示出超出饱和度范围的最高限度。

● 调整缩略图：单击相应的缩略图，可以进行相应的调整。如选择"加深黄色"缩略图，将应用加深黄色的效果。

8.1.8　色阶

"色阶"命令常用来较精确地调整图像的中间色和对比度，是照片处理使用最频繁的命令之一。选择【图像】/【调整】/【色阶】命令，将打开图8-23所示的"色阶"对话框。

　　在"输入色阶"选项下方分别有三个滑块，从左到右依次对应的是阴影、中间调和高光。阴影滑块位于色阶0处，它所对应的像素是纯黑，向右拖动该滑块，该滑块当前位置的像素值映射为色阶0，它所对应的所有像素都会变为黑色；高光滑块位于色阶255处，它所对应的像素为纯白，向左拖动该滑块，该滑块当前位置的像素值会映射为色阶255，它所对应的所有像素都会变为白色；中间滑块位于色阶128处，它用于调整图像中的灰度系数，不会明显改变高光和阴影，只能改变灰色调中间范围的强度。

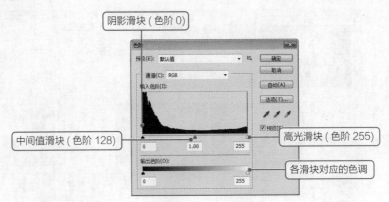

图8-23 "色阶"对话框

　　"色阶"对话框中各选项作用如下。

● 预设：在该下拉列表框中可以选择一种预设的色阶调整效果来对图像的颜色进行调整。

● 通道：用于选择调整图像颜色的通道。

● 输入色阶：用于调整图像的阴影、中间调和高光。将▲滑块向右拖动时可以使图像变暗，如图8-24所示；将△滑块向左拖动时可以使图像变亮，如图8-25所示。将中间的▲滑块向左拖动图像将变暗，将中间的▲滑块向右拖动图像将变亮。

图8-24 图像变暗

图8-25 图像变亮

● 输出色阶：用于设置图像中的亮度范围，通过设置可改变图像的对比度。将▲滑块向右拖动时可以使图像变亮；将△滑块向左拖动时可以使图像变暗。

● 自动：单击该按钮，Photoshop将自动调整图像的色阶，使图像亮度分布更加匀称。

● 选项：单击该按钮，将打开"自动颜色校正选项"对话框，在该对话框中可对单色、每个通道、深色和浅色的算法等进行设置。

● "在图像中取样以设置黑场"按钮✔：单击该按钮后，再使用鼠标在图像中单击可以将单击处所选的颜色调整为黑色，如图8-26所示。

图8-26 设置黑场

● "在图像中取样以设置灰场"按钮 ✎ ：单击该按钮后，再使用鼠标在图像中单击可将单击处所选的颜色调整为其他中间调的平均亮度。

● "在图像中取样以设置白场"按钮 ✎ ：单击该按钮后，再使用鼠标在图像中单击可将单击处所选的颜色调整为白色。

> **技巧** "色阶"对话框中有一个直方图，可以作为调整的参考依据，但它的缺点是不能实时更新，所以，当我们在调整照片时，最好打开"直方图"面板观察直方图的变化情况，以便更好地掌握图像中的色调信息。

8.1.9 曲线

"曲线"命令是经常会使用到的命令，通过"曲线"命令可对图像色彩、亮度和对比度进行调整，使图像色彩更加具有质感。使用"曲线"命令，可以得到比较精确的图像颜色调整效果。

选择【图像】/【调整】/【曲线】命令，将打开"曲线"对话框，其中部分选项的作用与"色阶"对话框中的相同。在编辑框中单击曲线上的某一点，再进行拖动，即可调节曲线，在RGB模式中向上拖动将增加图像的亮度，如图8-27所示，向下拖动则降低亮度，如图8-28所示。

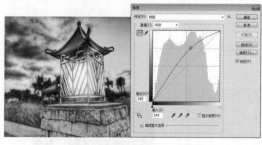
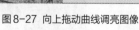

图8-27 向上拖动曲线调亮图像

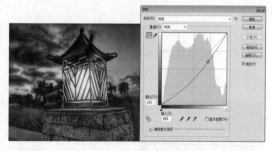

图8-28 向下拖动曲线调暗图像

"曲线"对话框中各选项作用如下。

● 预设：在该下拉列表框中可选择预存的曲线效果。

● "预设选项"按钮 ≡ ：单击该按钮，在弹出的下拉菜单中可将当前调整的曲线数据保存为预设，也可载入新的曲线预设。

● 通道：用于选择使用哪个颜色通道调整图像颜色。

● "编辑点以修改曲线"按钮 ⃤：单击该按钮，用户可在曲线上单击添加新的控制点。添加控制点后使用鼠标拖动即可调整曲线形状，从而调整图像颜色，如图8-29所示。

● "通过绘制来修改曲线"按钮 ✎：单击该按钮，用户可通过手绘的方式自由地绘制曲线，如图8-30所示。绘制好后还可以单击 ⃤ 按钮，查看绘制的曲线。

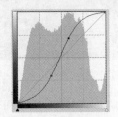

图8-29 编辑点以修改曲线

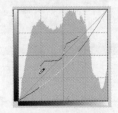

图8-30 通过绘制来修改曲线

● 平滑：单击"通过绘制来修改曲线"按钮 ✎ 后，再单击"平滑"按钮，可对绘制的曲线进行平滑操作。

● "在图像上单击并拖动可修改曲线"按钮 ⊷：单击该按钮，将鼠标指针移动到图像上，曲线上将出现一个圆圈。该圆圈用于显示鼠标处的颜色在曲线上的位置。

● 输入：用于输入色阶，显示调整前的像素值。

● 输出：用于输出色阶，显示调整后的像素值。

● 自动：单击该按钮，可对图像应用"自动色调""自动对比度""自动颜色"等操作以校对颜色。

● 选项：单击该按钮，将打开"自动颜色矫正选项"对话框，在该对话框中可设置单色、深色、浅色等算法。

8.1.10 色相/饱和度

使用"色相/饱和度"命令可以通过对图像的色相、饱和度和亮度进行调整，从而达到改变图像色彩的目的。该命令还可以将图像中的多个颜色调整为统一的色调，这种方法在为图像合成调色时非常有用。

打开"素材\第8章\天鹅.jpg"图像，如图8-31所示。选择【图像】/【调整】/【色相/饱和度】命令，打开图8-32所示的"色相/饱和度"对话框，调整色相、饱和度和明度下方的滑块，图像颜色会随之发生改变，如图8-33所示。

图8-31 素材图像

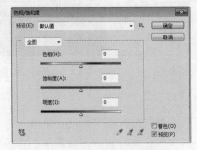

图8-32 "色相/饱和度"对话框

图8-33 图像调整效果

"色相/饱和度"对话框中各选项作用如下。

●预设：在该下拉列表框中预设了8种调整色相、饱和度的方法。

●全图：在该下拉列表框中可选择图像中存在的色调，选择某一色调后可以分别进行色相、饱和度和明度的调整。

●"在图像上单击并拖动可修改饱和度"按钮💹：单击该按钮，在图像中单击取样点，如图8-34所示。向左拖动可减少图像的饱和度，如图8-35所示；向右拖动可增加图像饱和度，如图8-36所示。

图8-34 取样　　　　　　　　图8-35 减少饱和度　　　　　　图8-36 增大饱和度

●着色：选中该复选框，图像将偏向于单色，通过调整色相、饱和度、明度就可以对图像的色调进行调整。

8.1.11 替换颜色

使用"替换颜色"命令可以改变图像中某些区域中颜色的色相、饱和度、明暗度，从而达到改变图像色彩的目的。

打开"素材\第8章\苹果.jpg"图像，如图8-37所示。选择【图像】/【调整】/【替换颜色】命令，打开"替换颜色"对话框，在苹果图像中单击并调整容差值，如图8-38所示；单击"添加到取样"按钮🖊，在苹果图像中不同的部分单击增加颜色取样，如图8-39所示。向右拖动"色相"滑块，直到对话框右下侧"结果"颜色块变成绿色为止，这时将得到绿色苹果效果，如图8-40所示。

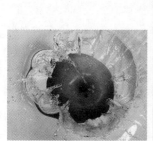   

图8-37 素材图像　　　图8-38 单击颜色　　　图8-39 增加颜色取样　　　　图8-40 改变颜色效果

"替换颜色"对话框中各选项作用如下。

●吸管工具组🖊🖊🖊：这3个吸管工具分别用于拾取、增加和减少颜色。

●颜色容差：用于调整替换颜色的图像范围，数值越大，被替换颜色的图像区域越大。

●图像：选中该单选按钮，预览框中将显示相应的图像，表示在预览窗口内显示原图像。

● 选区：选中该单选按钮，预览框中将以黑白选区蒙版的方式显示图像。
● 替换：该栏分别用于调整图像所拾取颜色的色相、饱和度和明度值，调整后的颜色变化将显示在"结果"颜色框中，原图像也会发生相应的变化。

8.1.12　可选颜色

使用"可选颜色"命令可以对RGB、CMYK和灰度等模式的图像中的某种颜色进行调整，而不影响其他颜色。

打开要调整的图像。选择【图像】/【调整】/【可选颜色】命令，打开"可选颜色"对话框，并在"颜色"下拉列表框中选择要调整的颜色，如图8-41所示。通过拖动参数控制区中不同的滑块来改变所选颜色的显示效果即可，如图8-42所示。

图8-41 选择颜色　　　　　　　　　　　图8-42 针对颜色进行调整

"可选颜色"对话框中各选项作用如下。
● 颜色：用于选择调整颜色的通道，选择颜色通道后在其下方可对通道中的青色、洋红、黄色、黑色等印刷颜色进行调整。
● 方法：用于选择调整颜色的方法。选中"相对"单选按钮，可根据颜色总量的百分比来修改印刷色的数量；选中"绝对"单选按钮，可以采用绝对值来调整颜色。

8.1.13　匹配颜色

使用"匹配颜色"命令可以使作为源的图像色彩与作为目标的图像进行混合，从而达到改变目标图像色彩的目的。打开"素材\第8章\瀑布.jpg、风景.jpg"图像，如图8-43所示，选择"瀑布"图像，再选择【图像】/【调整】/【匹配颜色】命令，打开"匹配颜色"对话框，在右下方的预览框中可以看到当前选择的图像，如图8-44所示。

图8-43 素材图像　　　　　　　　　　　图8-44 "匹配颜色"对话框

在"源"下拉列表框中可以选择需要匹配的文件，这里选择"风景"图像，设置了"源"图像

后，系统自动会按照"匹配颜色"对话框中的默认参数对目标图像的色彩进行调整，如果颜色不够
理想，还可以调整对话框中"明亮度"、"颜色强度"和"渐隐"下的滑块，以降低源图像色彩的
混合量，如图8-45所示。

图8-45 匹配图像颜色效果

"匹配颜色"对话框中主要选项作用如下。

● 目标：用于显示被修改的图像名称以及颜色模式。

● 应用调整时忽略选区：选中该复选框，调整图像时将忽略选区，而对整个图像进行调整。

● 图像选项：其中包含"明亮度"、"颜色强度"和"渐隐"三个参数设置区，主要用于控制
　应用于图像的亮度、饱和度数量。

● 中和：选中该复选框，将消除图像中的色偏。

● 源：用于选择将与目标图像中的颜色匹配的图像，选择的图像只能是当前正在Photoshop中已
　经打开的图像。

● 图层：用于选择需要匹配颜色的图层。若要将"匹配颜色"命令应用于某个图层，需在执行
　"匹配颜色"命令前选择需要应用颜色的图层。

课堂练习——制作粉红底图

打开"素材\第8章\课堂练习\桃花.jpg"，练习调整图像色调，主要运用"亮度/对比度""色
彩平衡"命令等知识点，提高图像亮度，并降低图像中的青色和蓝色，增加红色和黄色，得到粉红
色调图像，参考效果如图8-46所示（效果文件：效果\第8章\分红底图.psd）。

图8-46 图像调整对比效果

8.2 特殊色调调整

在Photoshop中有一些调色命令主要用于图像色彩与色调的特殊调整，如渐变映射、反相等。下面将对其操作方法和效果进行讲解。

8.2.1 课堂案例——制作炭笔画图像

案例目标：制作一个炭笔画的描边图像效果，完成后的参考效果如图8-47所示。

知识要点：使用"阈值"命令；"高反差保留"滤镜的运用。

素材文件：素材\第8章\制作炭笔画图像\行李箱 .jpg

效果文件：效果\第8章\炭笔画图像 .psd

视频教学
制作炭笔画图像

图8-47 图像效果

其具体操作步骤如下。

STEP 01 打开"行李箱.jpg"图像文件，按【Ctrl+J】组合键复制一次背景图层。

STEP 02 选择【滤镜】/【其他】/【高反差保留】命令，打开"高反差保留"对话框，设置"半径"为5像素，如图8-48所示。

STEP 03 单击"确定"按钮，得到灰色图像效果，如图8-49所示。

图8-48 设置滤镜参数

图8-49 图像效果

STEP 04 选择【图像】/【调整】/【阈值】命令，打开"阈值"对话框，设置"阈值色阶"为123，如图8-50所示，单击"确定"按钮，得到阈值图像效果，如图8-51所示。

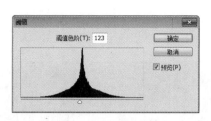

图8-50 设置阈值参数

图8-51 图像效果

STEP 05 按【Ctrl+J】组合键再次复制图层，选择【图像】/【调整】/【渐变映射】命令，打开"渐变映射"对话框，如图8-52所示。

STEP 06 单击对话框中的渐变色条，打开"渐变编辑器"对话框，选择"紫－橙渐变"渐变选项，如图8-53所示，单击"确定"按钮，得到渐变效果。

图8-52 "渐变映射"对话框

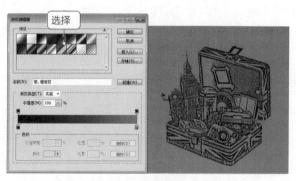

图8-53 设置渐变效果

STEP 07 设置该图层的混合模式为"滤色"，如图8-54所示，得到添加颜色后的图像效果，如图8-55所示，完成本实例的制作。

图8-54 设置图层混合模式

图8-55 图像效果

8.2.2 阴影/高光

"阴影/高光"命令常用于还原图像区域过暗或高光区域过亮造成的细节损失。在调整阴影区域时，对高光区域的影响很小；而调整高光区域时，对阴影区域的影响很小。"阴影/高光"命令可以基于阴影/高光中的局部相邻像素来校正每个像素。选择【图像】/【调整】/【阴影/高光】命令，打开"阴影 / 高光"对话框，如图 8-56 所示，观察图像中的高光和暗部图像范围，在对话框中进行相应的参数调整，图 8-57 所示为还原暗部细节前后的对比效果。

图 8-56 "阴影 / 高光"对话框

图 8-57 原图与效果图前后对比

"阴影/高光"对话框中各选项作用如下。

- 阴影：其中"数量"选项用于控制阴影区域的强度，数值越高，阴影区域越亮；"色调宽度"选项用于设置色调的修改范围，当数值越小时，只能对图像的阴影区域进行修改；"半径"选项用于控制像素位于阴影中还是高光中。

- 高光：其中"数量"选项用于控制高光区域的暗色范围，数值越小，高光区域越亮；"色调宽度"选项用于设置色调的修改范围，当数值越小时，只能对高光区域进行修改；"半径"选项用于控制像素位于阴影中还是高光中。

- 调整：其中"颜色校正"选项用于调整修改区域的颜色；"中间调对比度"选项用于调整中间调的对比度；"修剪黑色"选项用于调整将多少阴影添加到新的阴影中；"修剪白色"选项用于调整将多少高光添加到新的阴影中。

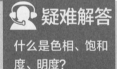

疑难解答

什么是色相、饱和度、明度？

任何一种色彩都是由饱和度、色相和明度这 3 种基本的要素组成。饱和度又称纯度，是指颜色的鲜艳程度，受图像颜色中灰色的相对比例影响，黑、白和其他灰色色彩没有饱和度。当某种颜色的饱和度最大时，其色相具有最纯的色光；色相又称色调，即颜色主波长的属性，不同波长的可见光具有不同的颜色，众多波长的光以不同的比例混合从而产生更多颜色；明度又称亮度，即色彩的明暗程度，通常以黑色和白色表示，越接近黑色，亮度越低，越接近白色，亮度越高。

8.2.3 通道混合器

使用"通道混合器"命令可以对图像的某一个通道的颜色进行调整，以创建出各种不同色调的图像。同时，也可以用来创建高品质的灰度图像。打开"素材 \ 第 8 章 \ 熏衣草 .jpg"图像，如图 8-58 所示，选择【图像】/【调整】/【通道混合器】命令，选择需要调整的通道，也就是选择"输出通道"为"红色"，适当添加"红色"，并降低"绿色"和"蓝色"，如图 8-59 所示，将得到冷色调图像效果，如图8-60所示。

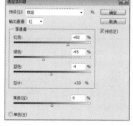

图8-58 原图　　　　　　图8-59 "通道混合器"对话框　　　　　　图8-60 冷色调图像

"通道混合器"对话框中各选项作用如下。

● 预设：在该下拉列表框中预置了6种制作黑白图像的预设效果。

● 输出通道：用于选择调整颜色的通道。

● 源通道：用于设置源通道在输出通道中所占的百分比。

● 总计：用于显示源通道的计数值。当计数值大于100%时将丢失掉部分高光和阴影部分的图像细节。

● 常数：用于调整输出通道的灰度值，负值可在通道中增加黑色，正值可在通道中增加白色。

8.2.4　渐变映射

使用"渐变映射"命令可以使用渐变颜色对图像进行叠加，从而改变图像色彩。选择【图像】/【调整】/【渐变映射】命令，打开图8-61所示的"渐变映射"对话框。

图8-61 "渐变映射"对话框

"渐变映射"对话框中各选项作用如下。

● 灰度映射所用的渐变：单击渐变条右边的下拉按钮，在弹出的下拉列表中将出现一个包含预设效果的选择面板，在其中可选择需要的渐变样式，如图8-62所示，将渐变样式应用到图像中后，可以得到图8-63所示的效果。

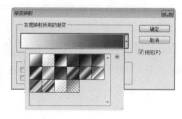

图8-62 选择渐变颜色

图8-63 添加渐变映射前后对比效果

● 仿色：选中该复选框，可以添加随机的杂色来平滑渐变填充的外观，让渐变更加平滑。

● 反向：选中该复选框，可以反转渐变颜色的填充方向。

8.2.5　反相

使用"反相"命令可以反转图像中的颜色。该命令可以创建边缘蒙版，以便向图像的选定区域应用锐化和其他调整，当再次执行该命令时，即可还原图像颜色。

选择【图像】/【调整】/【反相】命令，或按【Ctrl+I】组合键可以使用此命令，图8-64所示为应用前和应用后图像的效果。

图8-64　使用"反相"命令图像前后对比

8.2.6　色调分离

使用"色调分离"命令可以指定图像的色调级数，并按此级数将图像的像素映射为最接近的颜色。打开需要处理的图像，选择【图像】/【调整】/【色调分离】命令，打开"色调分离"对话框，调整其中的色阶参数值，然后单击"确定"按钮完成调整，如图8-65所示。

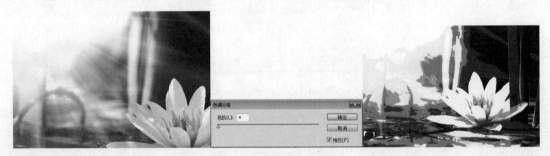

图8-65　调整色调分离效果

8.2.7　色调均化

通过"色调均化"命令，可以将图像中最亮的颜色变为白色，最暗的颜色变为黑色，中间调将在整个灰色中分布。打开图8-66所示的图像并建立选区，选择【图像】/【调整】/【色调均化】命令，打开"色调均化"对话框，在其中单击"仅色调均化所选区域"选项，然后单击"确定"按钮即可，效果如图8-67所示。

图8-66 创建选区

图8-67 调整色调均化效果

8.2.8 阈值

使用"阈值"命令可以将图像转换为高对比度的黑白图像，还可以制作出版画效果。打开一幅素材图像，选择【图像】/【调整】/【阈值】命令，打开"阈值"对话框，如图8-68所示，拖动下方的滑块，或者在"阈值色阶"中输入数值，单击"确定"按钮即可得到黑白版画效果。

图8-68 调整阈值效果

提示 "反相"、"色调分离"和"阈值"这三种命令的操作都较为简单，但也不可忽视它的重要性，这三种命令配合滤镜命令经常可以制作出一些特殊图像效果。

课堂练习 ——制作复古色调图像效果

打开"素材\第8章\课堂练习\街道.jpg"图像，复制背景图层，使用"渐变映射"命令为图像添加"紫－橙渐变"色调，然后再通过降低图层不透明度，得到照片的复古色调，最后在图像中适当添加杂色，让照片更有复古的感觉。完成后的参考效果如图8-69所示（效果文件：效果\第8章\复古色调图像.psd）。

图8-69 制作复古色调前后效果

8.3 上机实训——打造艳丽色调照片

8.3.1 实训要求

某摄影爱好者在户外拍摄了一张梨花照片，但由于是阴天拍摄，所以光线较暗，并且颜色饱和度很低，整个画面质量不高。现在要求对这张照片进行调整，打造出艳丽色调，并让图像充满阳光明媚的感觉。

8.3.2 实训分析

室外的照片拍摄通常会出现曝光过度或曝光不足的情况，当图像较暗时，图像中的颜色饱和度会变得很低，或者存在偏色的情况，这就需要通过后期操作来调整图像。

本例中图像颜色饱和度应该适当增加，才能让蓝天与白色花朵形成鲜明的对比，让画面具有层次感，再适当添加阳光，让画面充满温暖的感觉。本实训的参考效果如图8-70所示。

素材所在位置： 素材 \ 第 8 章 \ 上机实训 \ 梨花 .jpg

效果所在位置： 效果 \ 第 8 章 \ 艳丽色调照片 .psd

图8-70　前后对比效果图

8.3.3 操作思路

完成本实训主要包括增加图像亮度、增加图像中的蓝色调、添加阳光图像、添加文字 4 大步操作，其操作思路如图 8-71 所示。涉及的知识点主要包括"曲线"命令的使用；"色相 / 饱和度"命令的使用；"镜头光晕"滤镜命令等操作。

▶ **01** 调整图像亮度　　　　▶ **02** 增加图像中的蓝色调

图8-71　操作思路

▶ **03** 添加阳光效果　　▶ **04** 添加文字

图8-71　操作思路（续）

【步骤提示】

视频教学
打造艳丽色调照片

STEP 01 打开"梨花.jpg"图像，选择【图像】/【调整】/【亮度/对比度】命令，在打开的对话框中适当增加图像整体亮度。

STEP 02 选择【图像】/【调整】/【曲线】命令，打开"曲线"对话框，在曲线上方和下方分别增加两个节点，增加图像亮度细节和对比度。

STEP 03 选择【图像】/【调整】/【色相/饱和度】命令，打开"色相/饱和度"对话框，整体添加图像蓝色调。

STEP 04 选择【图像】/【调整】/【色彩平衡】命令，打开"色彩平衡"对话框，降低图像中的红色调，增加蓝色调。

STEP 05 选择【滤镜】/【渲染】/【镜头光晕】命令，打开"镜头光晕"对话框，选择在画面右上方添加光晕图像。

STEP 06 最后在图像右下方输入两行英文文字，并在属性栏中设置字体为黑体，填充为白色，完成制作。

8.4 课后练习

1. 练习1——*打造美丽星空*

　　打开图8-72所示的"星空.jpg"图像，该图像拍摄于夜晚，图像整体发黑，并且色调偏紫，天空中也没有细节，没有体现出明亮通透的繁星效果，要求运用Photoshop为该图像调整色调和明暗对比关系，体现出照片中的层次感，再调整天空中的颜色，得到偏蓝色的夜空图像，完成后的参考效果如图8-73所示。

> **提示：** 调整时要注意照片的拍摄时间是夜晚，所以不能整体调得太亮，要保留夜晚星空的整体感觉，在色调调整上，要尽量做到还原正常色调，风景照片的调色一定要有真实感，才能为大众所接受。

　　素材所在位置： 素材\第8章\课后练习\星空.jpg
　　效果所在位置： 效果\第8章\打造美丽星空.psd

图8-72　原图

图8-73　调整后的图像效果

2. 练习2——调出浓郁通透的风景照

当我们拿到一张明暗对比度较低，并且颜色灰暗的照片时，首先需要调整的就是它的层次关系和图像饱和度，本练习将综合运用本章所学知识，为"树林"风景增加明暗度和饱和度，完成后的参考效果如图8-74所示。

素材所在位置：素材 \ 第8章 \ 课后练习 \ 树林.jpg

效果所在位置：效果 \ 第8章 \ 浓郁通透的风景照.psd

图8-74　风景照前后对比效果

第 9 章
文字与蒙版的应用

　　利用Photoshop可以对图像进行各种各样的处理，但是如果在画面中加入适当的文字，能够让整个图像更加丰富，并且能更好地传达画面的真实意图。而添加图层蒙版和矢量蒙版，将会制作出多种特殊图像效果。本章将详细介绍文字工具和各种蒙版的使用方法，包括输入文字、创建文字选区、对文字进行编辑，以及图层蒙版、矢量蒙版和剪贴蒙版的操作。掌握这些工具和命令的使用将有利于图像的后期处理，并且能制作出各种具有特色的广告画面。

课堂学习目标

- 掌握创建文字的各种方法
- 掌握文字的编辑
- 掌握图层蒙版的使用方法
- 掌握剪贴蒙版和矢量蒙版的应用

课堂案例展示

跳入水杯的人物形象

父亲节海报

9.1 创建文字

在Photoshop中，用户可以自由地选择文字工具并在图像中输入文字。不同的文字工具适合不同的图像版面。

9.1.1 课堂案例——制作云朵文字

案例目标： 运用提供的素材，通过文字工具和路径面板，制作出云朵文字的基本外形，然后再通过画笔工具制作出边缘柔和的云朵文字，效果如图9-1所示。

知识要点： 横排文字工具的使用；文字工具属性栏的设置；"路径"面板的应用。

素材文件： 素材＼第9章＼制作云朵文字＼天空.jpg

效果文件： 效果＼第9章＼云朵文字.psd

图9-1 效果图

其具体操作步骤如下。

STEP 01 打开"天空.jpg"图像，选择横排文字工具 T ，在天空图像中单击，插入光标，如图9-2所示。

STEP 02 在光标处输入英文"Sunshine"，这时光标将在文字结尾处，如图9-3所示。

视频教学
制作云朵文字

图9-2 插入光标

图9-3 输入文字

STEP 03 在文字末尾光标处按住鼠标左键向左拖动，选择所有文字，文字将以黑白效果显示，如图9-4所示。

图9-4 选择文字

STEP 04 在属性栏中设置字体为SquireD、大小为72点、颜色为白色,其他为默认设置,文字效果如图9-5所示。

STEP 05 在"图层"面板中将自动生成一个文字图层,使用鼠标右键单击文字图层,在弹出的快捷菜单中选择"创建工作路径"命令,如图9-6所示,隐藏原有文字图层,得到文字路径,如图9-7所示。

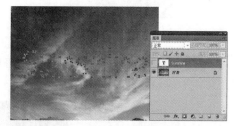

图9-5 文字效果　　　　　　图9-6 创建工作路径　　　　　　图9-7 隐藏文字图层

技巧 选择文字工具时,按【T】键可以快速选择文字工具,按【Shift+T】组合键可在文字工具组内的4个文字工具之间切换。

STEP 06 选择画笔工具 ，在属性栏中设置画笔为柔边、大小为35像素,"硬度"为0%,如图9-8所示。

STEP 07 按【F5】键打开"画笔"面板,选择"形状动态"选项,设置"大小抖动"为100%,如图9-9所示。

STEP 08 选择"散布"选项,设置"散布"为120%,"数量抖动"为93%,如图9-10所示;再选择"传递"选项,设置"不透明度"为55%,如图9-11所示。

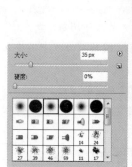

图9-8 设置画笔样式　　　图9-9 设置形状动态　　　图9-10 设置散布选项　　　图9-11 设置传递选项

STEP 09 新建一个图层,将前景色设置为白色,选择【窗口】/【路径】命令,打开"路径"面板,单击面板底部的"用画笔描边路径"按钮 ，如图9-12所示,得到描边路径效果,如图9-13所示。

图9-12 描边路径

图9-13 描边后的文字

STEP 10 按下两次【Enter】键，重复使用画笔为路径描边，加强云朵文字效果，然后适当调整文字大小和角度，效果如图9-14所示，完成本实例的制作。

图9-14 完成效果

9.1.2 创建水平、垂直文字

文字工具位于左侧的工具箱中，按下工具箱中的 T 工具不放，将显示图9-15所示的下拉列表工具组，其中各工具的作用如下。

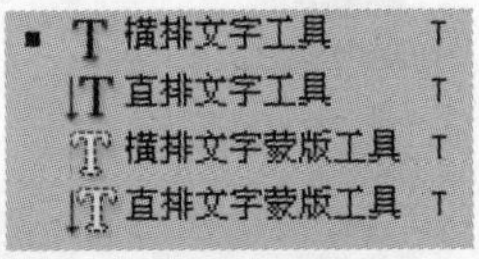

- ●横排文字工具 T ：在图像文件中创建水平文字，且在"图层"面板中建立新的文字图层。

> ■ T 横排文字工具 T
> ┃T 直排文字工具 T
> ⭐T 横排文字蒙版工具 T
> ⭐T 直排文字蒙版工具 T
>
> 图9-15 文字工具

- ●直排文字工具 ┃T ：在图像文件中创建垂直文字，且在图层面板中建立新的文字图层。
- ●横排文字蒙版工具 ⭐T ：在图像文件中创建水平文字形状的选区，但在"图层"面板中不建立新的图层。
- ●直排文字蒙版工具 ⭐T ：在图像文件中创建垂直文字形状的选区，但不建立新的图层。

文字工具组中各工具对应的工具属性栏中的选项参数相似，这里以横排文字工具的工具属性栏为例进行介绍，如图9-16所示。

| T ▾ | ┃T | 粗标宋体 ▾ | - ▾ | ┃T 72点 ▾ | ᵃa 锐利 ▾ | ▤▤▤ | □ | ⚒ | ▤ |

图9-16 横排文字工具属性栏

- ●"更改文本方向"按钮 ┃T ：单击此按钮，可以将选择的水平方向的文字转换为垂直方向，或将选择的垂直方向的文字转换为水平方向。
- ●字体 粗标宋体 ▾ ：设置文字的字体。单击其右侧的下拉按钮，在弹出的下拉列表框中可选择字体。

- 字体样式：设置文字使用的字体形态，但只有选中某些具有该属性的字体后，该下拉列表框才能激活。该下拉列表框包括Regular（规则的）、Italic（斜体）、Bold（粗体）和Bold Italic（粗斜体）4个选项。
- 字体大小 ：设置文字的大小。单击其右侧的下拉按钮，在弹出的下拉列表框中可选择所需的字体大小，也可直接在该输入框中输入字体大小的值。
- 消除锯齿 ：设置消除文字锯齿的功能。提供了"无"、"锐利"、"犀利"、"浑厚"和"平滑"5个选项。
- 对齐方式按钮组 ：设置段落文字排列（左对齐、居中和右对齐）的方式。当文字为竖排时，3个按钮变为（顶对齐、居中、底对齐）。
- "文本颜色"按钮 ：设置文字的颜色。单击可以打开"拾色器"对话框，从中选择字体的颜色。
- "变形文本"按钮 ：创建变形文字。
- "字符和段落面板"按钮 ：单击该按钮，可以显示或隐藏"字符"和"段落"调板，用于调整文字格式和段落格式。

熟悉文字工具及其属性栏各选项后，下面介绍创建水平文字和垂直文字的方法。

1. 创建水平文字

选取横排文字工具 ，在属性栏中设置好文字的字体和大小等参数，将鼠标指针移至图像中适当的位置单击，插入光标，然后输入所需的文字，文字输入完成后，选择任意一个工具或按【Enter】键即可，如图9-17所示。这样创建的文字行通常被称为"点文字"。

插入光标

图9-17 输入横排点文字

2. 创建垂直文字

使用直排文字工具 可以在图像中沿垂直方向输入文本，也可输入垂直向下显示的段落文本，其输入方法与使用横排文字工具一样。

单击工具箱中的直排文字工具 ，在图像编辑区单击，单击处会出现 形状闪烁，这时输入需要的文字即可，如图9-18所示。

图9-18 输入垂直点文字

9.1.3 创建文字选区

通过横排文字蒙版工具 和直排文字蒙版工具 可以创建文字选区，在文字设计方面起着非常重要的作用。

打开"素材\第9章\卡通背景.jpg"图像，选择横排文字蒙版工具 ，在黄色画面中插入光标，画面将显示透明红色蒙版效果，在光标处输入文字，如图9-19所示，完成后单击工具箱中的其他工具退出文字蒙版输入状态，输入文字将以文字选区显示，但不产生文字图层，如图9-20所示，新建一个图层，为文字填充颜色，即可作为普通图层进行各项操作，如图9-21所示。

图9-19 输入蒙版文字

图9-20 创建文字选区

图9-21 填充颜色

提示 使用横排文字蒙版工具或直排文字蒙版工具输入文字后，在蒙版状态下可以对文字进行编辑，如改变字体、字号等，但退出蒙版状态得到选区后，则只能作为普通图层进行操作，不能修改字体、间距等属性。

9.1.4 沿路径创建文字

在平面图像处理过程中，通过路径辅助输入文字，可以使文字产生特殊效果。

打开"素材\第9章\彩色图像.jpg"图像，选择钢笔工具在图像中绘制一条曲线路径，如图9-22所示。选择直排文字工具，将鼠标移动到路径最顶端，当鼠标指针变成形状时，单击鼠标左键，即可在路径上插入光标，如图9-23所示，文字将沿路径形状自动排列，在属性栏中调整好文字属性后，按【Ctrl+Enter】键确认输入，如图9-24所示。

图9-22 绘制路径

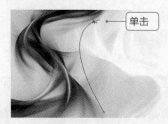
单击
图9-23 插入光标

图9-24 输入路径文字

9.1.5 创建段落文字

段落文字分为横排段落文字和直排段落文字，分别通过横排文字工具和直排文字工具来创建。

1. 横排段落文字的输入

选择工具箱中的横排文字工具 **T**，在其工具属性栏中设置字体的样式、字号和颜色等参数，将鼠标指针移动到图像窗口中，鼠标指针变为 形状，在适当的位置单击鼠标左键，并在图像中拖动绘制出一个文字输入框，如图9-25所示，然后输入文字即可，如图9-26所示。

2. 直排段落文字的输入

当用户在图像中输入横排段落文字后，可以直接单击工具属性栏中的 按钮，将其转换为直排段落文字，如图9-27所示；也可以使用直排文字工具在图像编辑区域内单击并拖动创建一个文字输入框，然后输入文字即可。

图9-25 绘制文本框

图9-26 创建横排段落文字

图9-27 直排段落文字

9.1.6 栅格化文字

Photoshop中直接输入的文字不能应用绘图和滤镜命令等操作，只有将其进行栅格化处理后，才能做进一步的编辑。

输入文字后，"图层"面板中将自动创建一个文字图层，如图9-28所示，选择该文字图层，选择【图层】/【栅格化】/【文字】命令，即可将文字图层转换为普通图层，将文字图层栅格化后，图层缩览图将发生变化，如图9-29所示，栅格化后的文字可以进行和图像一样的操作。

图9-28 文字图层

图9-29 栅格化效果

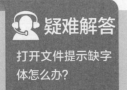

疑难解答

打开文件提示缺字体怎么办？

当 Photoshop 中文字图层前面的图标显示为 ⍰ 符号时，代表文字字体缺失。这时就需要在找到相应的字体后安装到计算机中。复制需要安装的字体，打开"计算机"，接着打开 C 盘，找到 C 盘下的 WINDOWS 目录文件夹，找到 FONTS 文件夹并打开，将字体粘贴到该文件夹中，便可以实现字体的安装。

关闭图像文件，重新打开后，即可显示正常的文字图层，然后可进行编辑。

课堂练习 ——制作发光文字

打开"素材\第 9 章\课堂练习\星光背景 .jpg"图像，练习使用横排文字工具，在画面中插入光标并输入文字，在属性栏中设置字体为黑体，然后再复制并栅格化文字，为其应用"径向模糊"滤镜，得到发散的文字底纹，再设置文字填充为 0，最后使用调整图层改变图像颜色，参考效果如图 9-30 所示（效果文件：效果\第 9 章\发光文字 .psd）。

图9-30 文字效果

9.2 编辑文字

在Photoshop中，用户可以为输入的文字进行各种编辑，使输入的文字更加符合制作需求。

9.2.1 课堂案例——制作招聘海报

案例目标：制作一个颜色和版式都鲜艳夺目的招聘海报，完成后的参考效果如图9-31所示。

知识要点：横排文字工具的使用；段落文本的编辑；点文字的编辑；剪贴图层的运用。

素材文件：素材\第 9 章\制作招聘海报\文字 .psd、按钮 .psd、背景 .psd、彩色背景 .psd、电话图标 .psd

效果文件：效果\第 9 章\制作招聘海报 .psd

图9-31 图像效果

其具体操作步骤如下。

STEP 01 新建一个高和宽分别为20厘米×25厘米的图像文件，将前景色设置为黄色"#e7d225"，按【Alt+Delete】组合键填充图像背景。

STEP 02 打开"背景.psd"图像，使用移动工具将其拖动到当前编辑的图像中，放到画面下方，如图9-32所示。

STEP 03 打开"文字.psd"图像，使用移动工具将其拖动到当前编辑的图像中，放到画面左上方，如图9-33所示。

图9-32 添加背景图像

图9-33 添加文字图像

STEP 04 选择【图层】/【图层样式】/【描边】命令，打开"图层样式"对话框，设置描边大小为4像素、"位置"为"外部"、颜色为白色，如图9-34所示。

STEP 05 选择对话框左侧的"投影"选项，设置投影为黑色，"距离"为11像素、"大小"为13像素，其他设置如图9-35所示。

STEP 06 单击"确定"按钮，得到添加图层样式后的文字效果，如图9-36所示。

图9-34 添加描边样式

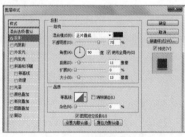

图9-35 添加投影样式

图9-36 文字效果

提示 在"图层样式"对话框中需要选中"预览"复选框才能对设置的图层样式效果进行预览，如果不想预览，可以取消选中该复选框。

STEP 07 打开"彩色背景.psd"图像，使用移动工具将其拖动到当前编辑的图像中，放到文字图像上，将其遮盖住，这时"图层"面板中将得到图层3，如图9-37所示。

STEP 08 选择【图层】/【创建剪贴蒙版】命令，或按【Alt+Ctrl+G】组合键，得到剪贴蒙版效果，如图9-38所示。

图9-37 添加彩色背景图像

图9-38 剪贴蒙版效果

STEP 09 选择横排文字工具，在彩色文字右侧单击插入光标，输入文字"不一样的你"，如图9-39所示。

STEP 10 选择【窗口】/【字符】命令，打开"字符"面板，设置字体为方正大标宋简体、大小为45点、颜色为深蓝色"#152041"，单击 T 按钮，得到倾斜文字效果，如图9-40所示。

图9-39 输入文字

图9-40 设置字符属性

STEP 11 按【Ctrl+Enter】组合键确认文字的编辑，再按【Ctrl+T】组合键适当旋转文字，效果如图9-41所示。

STEP 12 输入其他文字，调整不同的字体大小，适当旋转文字，参照图9-42所示的方式排列文字。

图9-41 旋转文字

图9-42 输入其他文字

STEP 13 选择横排文字工具，在画面左下方按住鼠标左键拖动，绘制出一个文本框，如图9-43所示。

STEP 14 在其中输入岗位职责等文字，并选择文字，在属性栏中设置字体为黑体，填充为黑色，如图9-44所示。

图9-43 绘制文本框

图9-44 输入文字

STEP 15 在画面右侧创建一个文本框，在其中输入另一个相关岗位职责的文字内容，如图9-45所示。

STEP 16 打开"按钮.psd"图像，使用移动工具将其拖动过来，分别放到左右两个段落文字上方，如图9-46所示。

图9-45 输入段落文字

图9-46 添加按钮

STEP 17 选择横排文字工具，分别在按钮图像中输入岗位名称，并选择文字，在属性栏中设置字体为黑体，颜色为白色，如图9-47所示。

STEP 18 在画面右下方继续输入公司地址和电话等信息，适当调整文字大小，设置字体为黑体，填充为白色，如图9-48所示。

STEP 19 打开"电话图标.psd"图像，将该图像拖动过来，放到公司信息文字前方，如图9-49所示，完成本实例的制作。

图9-47 输入文字

图9-48 输入文字

图9-49 添加电话图标

9.2.2 点文本与段落文本的转换

在图像中输入文字后，可能会发现之前制作的点文字或者段落文字并不合适图像的处理。此时，可对文字的类型进行转换。选择点文字图层后，选择【图层】/【文字】/【转换为段落文本】命令，将点文字转换为段落文字。

9.2.3 设置字符和段落属性

输入文字后，还需要对文字进行编辑，在"字符"面板和"段落"面板中能够详细地设置，下面分别进行讲解。

1. 使用"字符"面板

使用"字符"面板可以设置文字各项属性，选择【窗口】/【字符】命令，即可弹出图9-50所示的面板，面板中包含了两个选项，字符选项用于设置字符属性，段落选项用于设置段落属性。

"字符"面板中各选项含义如下。

- 设置行距 64.34点 ：用于设置文字的行间距，设置的值越大，行间距越大；数值越小，行间距越小。当选择"（自动）"选项时将自动调整行间距。

- 字距微调 ：将输入光标插入到文字当中时，该下拉列表框有效，用于设置光标两侧的文字之间的字间距。

图9-50 "字符"面板

- 字距调整 -10 ：选择部分字符后，可调整所选的字符间距，如图9-51所示；没有选择字符时，将调整所有文字的间距，如图9-52所示。

图9-51 选择字符

图9-52 没有选择字符

- 比例间距 0% ：用于以百分比的方式设置两个字符的间距。
- 垂直缩放 100% ：用于设置文字的垂直缩放比例。
- 水平缩放 100% ：用于设置文字的水平缩放比例。
- 基线偏移 0点 ：用于设置文字的基线偏移量，输入正值上移，输入负值下移。
- 特殊字体样式 T T TT Tr T T, T F ：用于设置文字样式，从左向右依次为"仿粗体"、"仿斜体"、"全部大写字母"、"小型大写字母"、"上标"、"下标"、"下划线"和"删除线"。

2. 使用"段落"面板

文字的段落属性设置包括设置文字的对齐方式、缩进方式等，除了可以通过前面所讲的文字属性工具栏进行设置外，还可通过"段落"面板来设置。"段落"面板如图9-53所示。

图9-53 "段落"面板

"段落"面板中各选项含义如下。

- 左对齐■：单击此按钮，段落中所有文字居左对齐。
- 居中对齐■：单击此按钮，段落中所有文字居中对齐。
- 右对齐■：单击此按钮，段落中所有文字居右对齐。
- 最后一行左对齐■：单击此按钮，段落中最后一行左对齐。
- 最后一行中间对齐■：单击此按钮，段落中最后一行中间对齐。
- 最后一行右对齐■：单击此按钮，段落中最后一行右对齐。
- 全部对齐■：单击此按钮，段落中所有行全部对齐。
- 左缩进■0点■：用于设置所选段落文本左边向内缩进的距离。
- 右缩进■0点■：用于设置所选段落文本右边向内缩进的距离。
- 首行缩进■0点■：用于设置所选段落文本首行缩进的距离。
- 段落前添加空格■0点■：用于设置插入光标所在段落与前一段落间的距离。
- 段落后添加空格■0点■：用于设置插入光标所在段落与后一段落间的距离。
- 连字：选中该复选框，表示可以将文字的最后一个外文单词拆开形成连字符号，使剩余的部分自动换到下一行。

 提示 当设置段落属性为全部对齐时，段落文字每行会布满文字输入框两端，并且系统会自动调整文字间的距离。

9.2.4 创建变形文字

Photoshop在文字工具属性栏中提供了一个文字变形工具，通过它可以将选择的文字改变成多种变形样式，从而大大提高文字的艺术效果。

文本输入完成后，单击属性栏中的"创建文字变形"按钮 ，将打开图9-54所示的"变形文字"对话框，通过该对话框就可将文字编辑成各式各样的变形效果。

图9-54 "变形文字"对话框

在图像中输入文字后，打开"变形"对话框，单击"样式"下拉列表框右侧的下拉按钮，在弹出的下拉列表框中可以选择一种样式，如"贝壳"，然后设置变形参数，如图9-55所示，单击"确定"按钮，即可得到变形文字效果，如图9-56所示。

图9-55 设置贝壳样式

图9-56 文字变形效果

课堂练习——制作荷塘月色诗歌卡

利用段落文字可以使一张简单的图像变得更富有诗意。打开"素材\第9章\课堂练习\荷花.jpg"
图像文件,下面将练习在图像中创建段落文字,设置首行缩进、文字间距等,效果如图9-57所示(效
果文件:效果\第9章\荷塘月色诗歌卡.psd)。

图9-57 图像效果

9.3 使用蒙版

蒙版是一种独特的图像处理方式,主要用于隔离和保护图像中的某个区域,并可将部分图像处
理成透明和半透明效果。使用蒙版可以让用户轻松地完成图像的合成。它不但能避免用户使用橡皮
擦、删除命令造成的误操作,还可通过对蒙版使用滤镜,制作出一些让人惊奇的效果。

9.3.1 课堂案例——制作跳入水杯的人物形象

案例目标:利用提供的多张素材图像,通过图层蒙版等功能,合成一张富有
创意的图像,完成后的参考效果如图9-58所示。

知识要点:移动工具的使用;图层属性的设置;图层蒙版的应用。

素材文件:素材\第9章\制作跳入水杯的人物形象\水杯.psd、水花.psd、
跳水.jpg、蓝色背景.jpg、飞溅水花.psd

效果文件:效果\第9章\跳入水杯的人物形象.psd

视频教学
制作跳入水杯的
人物形象

图9-58 图像效果

其具体操作步骤如下。

STEP 01 新建一个宽和高分别为42厘米×30厘米的图像文件，将前景色设置为黑色，按【Alt+Delete】组合键填充图像背景。

STEP 02 打开"蓝色背景.jpg"图像，使用移动工具将其拖动到黑色图像中，使其布满整个画面，得到图层1，如图9-59所示。

STEP 03 设置图层1的图层混合模式为"线性光"，图层"不透明度"为65%，效果如图9-60所示。

图9-59 添加蓝色背景

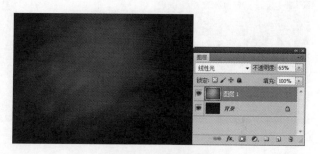

图9-60 设置图层属性

STEP 04 打开"水杯.psd"图像，使用移动工具将其拖动到当前编辑的图像中，放到画面中间，如图9-61所示。

STEP 05 打开"飞溅水花.psd"图像，使用移动工具将其拖动到当前编辑的图像中，放到水杯图像上方，如图9-62所示。

图9-61 添加水杯图像

图9-62 添加飞溅水花图像

STEP 06 单击"图层"面板底部的"添加图层蒙版"按钮■，为该图层添加图层蒙版，如图9-63所示。

STEP 07 设置前景色为黑色，选择画笔工具，对飞溅的水花边缘做涂抹，隐藏部分图像，在图层蒙版中被隐藏的图像将以黑色显示，如图9-64所示。

图9-63 添加图层蒙版

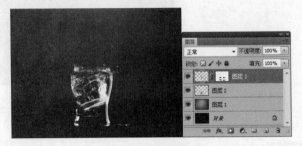

图9-64 隐藏部分图像

STEP 08 打开"水花 .psd、跳水 .jpg"图像，使用移动工具分别将其拖动到当前编辑的图像中，将水花图像放到人物图像的上一层，如图 9-65 所示。

STEP 09 为图层5添加图层蒙版，使用画笔工具涂抹部分与人物图像重合的水花图像，如图9-66所示。

图9-65 添加素材图像

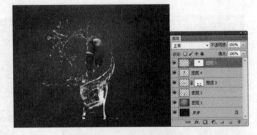

图9-66 添加图层蒙版

STEP 10 再次将"水花"素材图像移动到当前编辑的图像中，并选择【编辑】/【变换】/【水平翻转】命令，将翻转的水花图像放到杯口上方，完成本实例的制作，如图9-67所示。

图9-67 最终效果

9.3.2 添加图层蒙版

图层蒙版可以让图层中的图像部分显示或隐藏。图层蒙版是一种灰度图像，其效果与分辨率相关，因此用黑色绘制的区域是隐藏的，用白色绘制的区域是可见的，而用灰色绘制的区域则会出现在不同层次的透明区域中。

图层蒙版的创建分为以下两种情况。

● 利用工具箱中的任意一种选择区域工具在打开的图像中绘制
选择区域，然后选择【图层】→【图层蒙版】/【显示全部】
命令，即可得到一个图层蒙版。给图层添加蒙版后的"图
层"面板如图9-68所示。

● 在图像中具有选择区域的状态下，在"图层"面板中单击
"添加图层蒙版"按钮  可以为选择区域以外的图像部分添
加蒙版。

图9-68 添加图层蒙版

如果图像中没有选择区域，单击"添加图层蒙版"按钮 可以为整个画面添加蒙版，然后使用
画笔工具可以对蒙版进行操作。

9.3.3 停用、启用和删除图层蒙版

对于编辑好的图层蒙版，用户可以通过停用图层蒙版、启用图层蒙版、转移图层蒙版、替换图
层蒙版等方法，来对图层蒙版进行编辑，使蒙版更符合编辑需要。

1. 停用图层蒙版

若想暂时将图层蒙版隐藏，以查看图层的原始效果，可将图层蒙版停用。被停用的图层蒙版将
会在"图层"面板的图层蒙版上显示，停用图层蒙版有如下三种方法。

● 通过命令停用：选择【图层】/【图层蒙版】/【停用】命令，即可将当前选择的图层蒙版停
用，如图9-69所示。

● 通过快捷菜单停用：在需要停用的图层蒙版上单击鼠标右键，在弹出的快捷菜单中选择"停
用图层蒙版"命令，如图9-70所示。

图9-69 图层蒙版停用状态

图9-70 使用快捷菜单

● 通过"属性"面板停用：选择要停用的图层蒙版，在"属性"面板下单击 按钮，即可在
"属性"面板中看到图层蒙版已被禁用。

2. 启用图层蒙版

停用图层蒙版后，还可将其重新启用，继续实现遮罩效果。启用图层蒙版同样有三种方法。

● 通过命令启用：选择【图层】/【图层蒙版】/【启用】命令，即可将当前选择的图层蒙版重
新启用。

- 通过"图层"面板启用：在"图层"面板中，单击停用的图层蒙版，即可启用图层蒙版。
- 通过"属性"面板启用：选择要启用的图层蒙版，在"属性"面板下单击 按钮，即可在"属性"面板中看到图层已被启用。

3. 删除图层蒙版

如果要删除图层蒙版，用鼠标右键单击蒙版缩略图，在弹出的快捷菜单中选择"删除图层蒙版"命令即可。

9.3.4 链接图层蒙版

创建图层蒙版后，蒙版缩略图和图像缩览图中间有一个链接图标，它表示蒙版与图像处于链接状态，此时进行变换操作，蒙版会与图像一同变换。选择【图层】/【图层蒙版】/【取消链接】命令，或者单击该图标，可以取消链接，如图9-71所示。取消后可以单独变换图像，也可以单独变换蒙版。

图9-71 取消链接图层蒙版

9.3.5 剪贴蒙版

剪贴蒙版由基底图层和内容图层组成，其中内容图层位于基底图层上方。基底图层用于限制图层的最终形式，而内容图层则用于限制最终图像显示的图案。需要注意的是，一个剪贴蒙版只能拥有一个基底图层，但可以拥有多个内容图层。

打开"素材/第9章/紫色花朵.psd"图像，在"图层"面板中可以看到分别有背景图层和图层1，如图9-72所示。选择背景图层，选择工具箱中的椭圆工具，在属性栏中选择工具模式为"形状"，然后在图像中绘制一个椭圆形，这时"图层"面板中将自动增加一个形状图层，并将其放到图层1下方，如图9-73所示。

图9-72 打开素材图像

图9-73 剪贴蒙版

选择图层1，再选择【图层】/【创建剪贴蒙版】命令，即可得到剪贴蒙版的效果，如图9-74所示，这时"图层"面板的图层1变成剪贴图层，如图9-75所示。

技巧 为图层创建剪贴蒙版后，若是觉得效果不佳可将剪贴蒙版取消，即释放剪贴蒙版。选择需要释放的剪贴蒙版，再选择【图层】/【释放剪贴蒙版】命令，或按【Ctrl+Alt+G】组合键释放剪贴蒙版。

图9-74 剪贴图像效果

图9-75 剪贴图层

疑难解答

怎样修改剪贴蒙版中的混合属性？

在剪贴蒙版中，如果不想有基底图层控制剪贴的混合模式，可以双击基底图层，打开"图层样式"对话框，取消选中"将剪贴图层混合成组"复选框，这样再调整基底图层的混合模式时，就不会对内容图层产生影响了。

9.3.6　矢量蒙版

矢量蒙版是将矢量图像引入到蒙版中的一种蒙版形式。由于矢量蒙版是通过矢量工具进行创作的，所以矢量蒙版与分辨率无关，不论如何变形都不会影响其轮廓边缘的光滑程度。矢量蒙版与剪贴蒙版不同的是它只需要一个图层即可存在。

打开"素材 / 第 9 章 / 小猫 .jpg、蒙版背景 .jpg"图像，使用移动工具将小猫图像拖动到卡通背景中，如图 9-76 所示。使用自定形状工具在图像中绘制一个爱心图形，选择【图层】/【矢量蒙版】/【当前路径】命令，得到矢量蒙版效果，如图 9-77 所示。

图9-76 拖动素材

图9-77 创建矢量蒙版

下面将介绍编辑矢量蒙版的常用操作。

1. 将矢量蒙版转换为图层蒙版

在矢量蒙版缩略图上单击鼠标右键，在弹出的快捷菜单中选择"栅格化矢量蒙版"命令，如图9-78所示。栅格化后的矢量蒙版将会变为图层蒙版，不会再有矢量形状存在，如图9-79所示。

2. 删除矢量蒙版

在矢量蒙版缩略图上单击鼠标右键，在弹出的快捷菜单中选择"删除矢量蒙版"命令，即可将矢量蒙版删除。

图9-78 选择命令

图9-79 将矢量蒙版转换为图层蒙版

3. 链接 / 取消链接矢量蒙版

在默认情况下，图层和其矢量蒙版之间有个█图标，表示图层与矢量蒙版相互链接。当移动或交换图层时，矢量蒙版将会跟着发生变化。若不想图层或矢量蒙版影响到与之链接的图层或矢量蒙版，可单击图标，取消链接。若想恢复链接，可直接单击取消链接的位置。

课堂练习——制作放大镜效果

练习制作一个放大镜图形效果，首先打开"素材 \ 第 9 章 \ 课堂练习 \ 花朵 .jpg"图形，复制一次背景图层，将得到的图像应用"半调图案"滤镜，再添加"素材 \ 第 9 章 \ 课堂练习 \ 放大镜 .psd"图像，运用剪贴蒙版、调整图层顺序等知识点，完成图像的制作，效果如图 9-80 所示（效果文件：效果 \ 第 9 章 \ 放大镜效果 .psd）。

图9-80 放大镜效果

9.4 上机实训——制作父亲节海报

9.4.1 实训要求

某商场搞促销活动，需要做一个父亲节的宣传海报张贴在门口。要求主题明确，画面富有感染力，设计内容温馨感人。

9.4.2 实训分析

父亲节海报属于一种亲情类宣传海报，应该突出节日主题，将主题与活动内容结合排放，但活动内容应简洁、显眼，才能让画面设计变得更加和谐。

本例中的父亲节海报将文字作为主要元素，加上大树、人物剪影等素材，通过剪贴图层的运用，将彩色背景应用到这些素材中，让整个画面色调统一。本实训的参考效果如图9-81所示。

素材所在位置：素材\第9章\上机实训\彩色背景.jpg、黑草.psd、底纹.psd、树.psd、剪影.psd

效果所在位置：效果\第9章\父亲节海报.psd

图9-81　父亲节海报效果图

9.4.3　操作思路

完成本实训主要包括制作海报背景、输入文字并添加图层样式、添加人物剪影及素材、创建剪贴蒙版4大步操作，其操作思路如图9-82所示。涉及的知识点主要包括文字工具的使用；剪贴蒙版的应用；图层的新建、移动；添加图层样式等操作。

01　制作海报背景

02　添加文字及图层样式

03　添加人物剪影及素材

04　添加创建蒙版

图9-82　操作思路

【步骤提示】

STEP 01 新建一个宽和高分别为54厘米×24厘米的文件，打开"底纹.psd"图像，将其拖动到画面中。

STEP 02 选择横排文字工具，在图像中输入文字"感谢有您"，并为其应用"描边"和"投影"图层样式。

视频教学
制作父亲节海报

STEP 03 打开"树.psd"和"剪影.psd"图像，将其拖动到图像中。

STEP 04 打开"彩色背景.jpg"图像，将其拖动过来，复制2次图像，分别放到剪影、文字和大树图像上方，并为其创建剪贴蒙版。

STEP 05 选择横排文字工具输入其他文字，并将"黑草.psd"添加到图像中。

9.5 课后练习

1. 练习1——*制作淘宝店促销优惠券*

许多工具和命令都是可以结合起来使用的。本练习将运用椭圆工具和圆角矩形工具绘制出优惠券的基本外形，然后使用文字工具在其中输入促销文字，完成后的参考效果如图9-83所示。

效果所在位置：效果 \ 第 9 章 \ 淘宝店促销优惠券 .psd

图9-83 优惠券效果图

2. 练习2——*制作"未来城市"图像*

本练习将综合运用本章和前面所学知识，将提供的图像素材合成一幅创意图像作品"未来城市"，完成后的参考效果如图9-84所示。

素材所在位置：素材 \ 第 9 章 \ 课后练习 \ 背景 .psd、玻璃球 .psd、草坪 .psd、城市球 .psd、建筑 .psd

效果所在位置：效果 \ 第 9 章 \ 未来城市 .psd

图9-84 "未来城市"效果图

第 **10** 章

使用通道

通道是Photoshop中的难点，很多用户使用Photoshop时并不明白通道的作用和原理。其实通道就是存储图像颜色信息和选区信息的一个容器。本章将分别对通道的类型、创建各种通道的方法、通道的高级操作等应用进行讲解，掌握这些知识有利于对图像进一步处理和制作。

课堂学习目标

- 认识"通道"面板
- 掌握通道的创建方法
- 掌握通道的高级操作

课堂案例展示

抠取烟雾

通道合并

扣取冰雕

抠取婚纱

10.1 通道的基本操作

通道用于存放颜色和选区信息，一个图像最多可以有56个通道。在实际应用中，通道是选取图层中某部分图像的重要工具。下面先来学习通道的基本操作方法。

10.1.1 课堂案例——抠取烟雾

案例目标： 运用提供的素材，在"通道"面板中观察每一个颜色通道，找到烟雾边缘明暗度对比最为明显的一个通道，通过辅助工具得到更加强烈的黑白图像对比色，抠取出烟雾图像，并为其更换背景，完成后的参考效果如图 10-1 所示。

知识要点： "通道"面板的基本操作；画笔工具和减淡工具的运用。

素材文件： 素材 \ 第 10 章 \ 抠取烟雾 \ 烟雾 .jpg、彩色圆点 .jpg

效果文件： 效果 \ 第 10 章 \ 烟雾 .psd

图 10-1 图像效果

其具体操作步骤如下。

STEP 01 打开"烟雾.jpg"图像文件，如图10-2所示，可以看到这是一张JPG格式图像，我们需要做的就是将烟灰缸和烟雾图像在黑色背景中抠取出来，并且得到它的透明特质。

STEP 02 选择【窗口】/【通道】命令，打开"通道"面板，如图10-3所示，分别选择每一个颜色通道来观察，可以看到"绿"通道中，烟雾和水晶烟灰缸的图像边缘细节较多，如图10-4所示，所以我们选择"绿"通道进行操作。

视频教学
抠取烟雾

图 10-2 打开素材图像

图 10-3 "通道"面板

图 10-4 选择通道

 提示 当我们选择某一通道时，图像将自动转换为黑白效果，并且只展示该通道中的黑白色彩关系。

STEP 03 在"通道"面板中按住"绿"通道向下拖动到"创建新通道"按钮 ■ 中，将得到复制的通道，如图10-5所示。

STEP 04 设置前景色为黑色，选择画笔工具，在属性栏中设置画笔样式为"柔角"，对背景图中灰色图像进行涂抹，让背景最终变为黑色，涂抹过程中注意不要涂抹到烟雾和烟灰缸等图像，如图10-6所示。

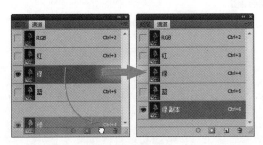

图10-5 复制通道

图10-6 涂抹背景

STEP 05 选择减淡工具，在属性栏中设置画笔大小为500像素，"范围"为"高光"，曝光度为20%，如图10-7所示。

STEP 06 在烟雾、烟灰缸和香烟图像中涂抹，将其内部涂抹为白色，如图10-8所示，这样操作的目的是为了让烟雾中的高光细节能够更好地抠取出来。

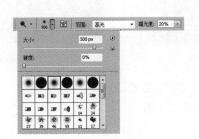

图10-7 设置属性栏

图10-8 涂抹高光图像

技巧 将减淡的"范围"设置为"高光"后，工具只作用于通道中的亮调区域，不会对黑色的背景产生影响。

STEP 07 回到"通道"面板中，选择RGB通道，得到彩色图像显示，单击"将通道作为选区载入"按钮，将载入我们制作好的选区，如图10-9所示。

STEP 08 双击"背景图层"，在打开的对话框中保持默认设置，单击"确定"按钮，将背景图层转换为普通图层，如图10-10所示。

图 10-9 载入通道选区

图 10-10 转换背景图层

STEP 09 在"图层"面板中单击其底部的"添加图层蒙版"按钮，即可隐藏背景图像，得到抠取出来的烟雾等图像，如图10-11所示。

STEP 10 新建一个宽和高分别为20厘米×23厘米的图像文件，将背景填充为黑色，如图10-12所示。

STEP 11 打开"彩色圆点.jpg"图像，使用移动工具将其拖动到新建的图像中，适当调整图像大小，放到画面中间，如图10-13所示。

图 10-11 隐藏背景图像

图 10-12 新建图像

图 10-13 添加素材图像

STEP 12 使用橡皮擦工具，适当擦除彩色圆点上面的图像，使其与黑色背景自然过渡，再设置其"图层混合模式"为"滤色"、"不透明度"为86%，图像效果如图10-14所示。

STEP 13 使用移动工具将抠取出的烟雾图像拖动到新建的图像中，放到画面中间，效果如图10-15所示，完成本实例的制作。

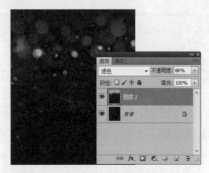

图 10-14 设置图层混合模式

图 10-15 添加烟雾图像

10.1.2　通道的类型

在Photoshop中存在着3种类型的通道，它们的作用和特征都有所不同。在使用通道处理图像前一定要搞清楚它们的作用，以便用户通过它们处理图像。

1. 颜色通道

颜色通道的效果类似摄影胶片，它用于记录图像内容和颜色信息。不同的颜色模式产生的通道数量和名字都有所不同。RGB图像包括复合、红、绿、蓝通道，如图10-16所示；CMYK图像包括复合、青色、洋红、黄色、黑色通道，如图10-17所示；Lab图像包括复合、明度、a、b通道，如图10-18所示。位图、灰度、双色调和索引颜色的图像都只有一个通道。

图10-16 RGB通道　　　图10-17 CMYK通道　　　图10-18 Lab通道

2.Alpha 通道

Alpha通道的作用都和选区相关。用户可通过Alpha通道保存选区，也可将选区存储为灰度图像，便于通过画笔、滤镜等修改选区，还可从Alpha通道载入选区。

在Alpha通道中，白色为可编辑区域，黑色为不可编辑区域，灰色为部分可编辑区域（羽化区域）。使用白色涂抹通道可扩大选区，使用黑色涂抹通道可缩小选区，使用灰色涂抹通道可扩大羽化区域，图10-19所示为在Alpha通道中制作一个灰度阶梯选区提取出的图像。

图10-19 在Alpha通道中制作一个灰度阶梯

3. 专色通道

专色通道用于存储印刷时使用的专色，专色是为印刷出特殊效果而预先混合的油墨。它们可用于替代普通的印刷色油墨。一般情况下，专色通道都是以专色的颜色命名。

10.1.3　认识"通道"面板

用户可以在"通道"面板中创建、保持和管理通道。打开图像后，选择【窗口】/【通道】命令，打开"通道"面板，可以看到Photoshop将自动创建该图像的颜色信息通道，如图10-20所示。

图 10-20 "通道"面板

"通道"面板中各选项作用如下。

● 颜色通道：用于记录图像颜色信息的通道。

● 复合通道：用于预览编辑所有颜色的通道。

● 专色通道：用于保存专色油墨的通道。

● Alpha通道：用于保存选区的通道。

● "将通道作为选区载入"按钮■：单击该按钮，可载入所选通道中的选区。

● "将选区存储为通道"按钮■：单击该按钮，可以将图像中的选区保存在通道中。

● "创建新通道"按钮■：单击该按钮，将创建Alpha通道。

● "删除当前通道"按钮■：单击该按钮，可删除除复合通道以外的任意通道。

10.1.4 创建 Alpha 通道

Alpha通道用于保存图像选区，创建通道主要有以下几种方法。

● 单击"通道"面板底部的"创建新通道"按钮，即可新建一个Alpha通道，新建的Alpha通道在图像窗口中显示为黑色，如图10-21所示。

● 单击通道快捷菜单按钮■，在弹出的快捷菜单中选择"创建新通道"命令。在打开的图10-22所示的"新建通道"对话框中设置新通道的名称、色彩的显示方式和颜色后，单击"确定"按钮，即可新建一个Alpha通道。

● 在画面中创建选区后，单击"通道"面板中的按钮新建Alpha通道，将选区保存在Alpha通道中，如图10-23所示。

图 10-21 新建的 Alpha 通道

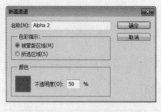

图 10-22 "新建通道"对话框

图 10-23 将选区保存在通道中

 技巧 在需要运用到Alpha通道中的选区时，可将Alpha通道载入选区。其方法是，在"通道"面板中选择要载入选区的Alpha通道，再单击■按钮，将Alpha通道载入选区。

10.1.5　创建专色通道

专色通道应用于特殊印刷，如在包装印刷时经常会使用专色印刷工艺印刷大面积的底色。当需要使用专色印刷工艺印刷图像时，需要使用专色通道来存储专色颜色信息。

专色通道通常使用油墨名称来命名，单击"通道"面板右上方的快捷菜单按钮 ，在弹出的菜单中选择"新建专色通道"命令，打开"新建专色通道"对话框，设置好选项后，单击"确定"按钮，即可新建一个专色通道。

疑难解答
为什么会出现专色？

专色是特殊的预混油墨，如荧光黄、金属银色等，它们用于替代或补充印刷色油墨，因为印刷色油墨无法展现出金属和荧光等炫目的色彩。

10.1.6　复制与删除通道

复制通道的操作方法与复制图层类似，先选中需要复制的通道，然后按住鼠标左键不放并拖动到下方的"创建新通道"按钮上，当鼠标指针变成手掌形状时释放鼠标即可。

要删除一个通道，可以使用下面几种方法。

● 直接将要删除的通道拖放到"通道"面板的 按钮上。
● 在"通道"面板的通道名称上单击鼠标右键，在弹出的快捷菜单中选择"删除通道"命令。

课堂练习——制作暴风雪效果

打开"素材\第10章\课堂练习\湖边.jpg"图像，本次练习主要是在"通道"面板中通过创建新通道，再添加"杂色"滤镜和"动感模糊"滤镜来完成暴风雪的制作，完成后的参考效果如图10-24所示（效果文件：效果\第10章\暴风雪效果.psd）。

图10-24　图像效果

 提示　无论对通道蒙版使用什么滤镜，都只是改变蒙版的保护范围，即选区的范围，不会对图像产生任何影响。

10.2 通道的高级操作

在Photoshop中有一些调色命令主要用于图像色彩与色调的特殊调整，如渐变映射、反相等。下面将对其操作方法进行讲解。

10.2.1 课堂案例——抠取复杂树枝

案例目标：本案例中的树枝图像枝干非常复杂，如果使用魔棒工具或其他选区工具，在面对如此复杂的图像时，无论是选择天空还是选择树枝都是一件困难的事情，下面将在"通道"面板中抠取出完整的树枝图像。完成后的参考效果如图10-25所示。

知识要点：调整图层的应用；反相图像；在通道中载入选区。

素材文件：素材 \ 第 10 章 \ 抠取复杂树枝 \ 树枝 .jpg、天空 .jpg

效果文件：效果 \ 第 10 章 \ 复杂树枝 .psd

图 10-25 图像效果

其具体操作步骤如下。

STEP 01 打开"树枝.jpg"图像，单击"图层"面板底部的"创建新的填充或调整图层"按钮，在弹出的菜单中选择"反相"命令，创建调整图层，如图10-26所示，图像中也得到反转图像颜色，如图10-27所示。

视频教学
抠取复杂树枝

图 10-26 创建调整图层

图 10-27 反相图像效果

STEP 02 单击"图层"面板底部的"创建新的填充或调整图层"按钮，在弹出的菜单中选择"通道混合器"命令，进入"属性"面板，选中"单色"复选框，然后调整参数，使树枝图像与黑色背景的对比更加强烈，如图10-28所示。

STEP 03 单击"创建新的填充或调整图层"按钮，在弹出的菜单中选择"色阶"命令，在打开的"属性"面板中将阴影和高光的滑块向中间移动，使图像中的深色变为黑色，浅色变为白色，如图10-29所示。

图 10-28 在通道混合器中调整

图 10-29 调整阴影和高光色调

疑难解答

"通道混合器"里的"常数"是什么意思？

在"通道混合器"对话框中有一个"常数"滑块，拖动该滑块，可以直接调整输出通道（所选的蓝通道）的灰度值，但该通道不会与其他通道混合。这种调整方式类似于使用"曲线"或"色阶"调整某种颜色通道一样。

当"常数"数值为正时，通道中将增加更多白色；当数值为负数时，通道中将增加更多黑色。该值为200%时，通道会成为全白色，该值为－200%时，通道会成为全黑色。

STEP 04 切换到"通道"面板中，按住【Ctrl】键单击RGB通道载入图像选区，将树枝图像全部选择，如图10-30所示。

STEP 05 选择"图层"面板，按住【Alt】键双击"背景"图层，将其转换为普通图层；单击"添加图层蒙版"按钮添加图层蒙版，得到白色树枝图像，如图10-31所示。

图 10-30 载入选区

图 10-31 得到白色树枝

STEP 06 单击各个调整图层前面的眼睛图标，将其隐藏，可以看到树林图像已经成功抠出，效果如图10-32所示。

STEP 07 打开"天空.jpg"图像，使用移动工具将其拖动到树枝图像中，放到最底层，适当调整图像大小，使其布满整个画面，如图10-33所示，完成本实例的制作。

图 10-32 隐藏图层

图 10-33 添加背景图像

10.2.2　分离与合并通道

　　有时为了便于编辑图像，需要将一个图像文件的各个通道分开，各自成为一个拥有独立图像窗口和"通道"面板的独立文件，可以对各个通道文件进行独立编辑。当编辑完成后，再将各个独立的通道文件合成到一个图像文件中，这就是通道的分离与合并。

　　打开"素材 \ 第 10 章 \ 布娃娃 .jpg"图像，在"通道"面板中可以查看图像通道信息，如图 10-34 所示。单击通道快捷菜单按钮 ，在弹出的快捷菜单中选择"分离通道"命令，系统会自动将图像按原图像中的分色通道数目分解为 3 个独立的灰度图像，如图 10-35 所示。

图 10-34 打开图像与"通道"面板

图 10-35 分离通道效果

　　对分离的通道图像应用了操作后，可以再合并，得到彩色图像。如对"G通道"应用【滤镜】/【风格化】/【凸出】命令，在打开的对话框中默认设置后，得到凸出图像效果，如图10-36所示。单击通道快捷菜单按钮 ，在弹出的快捷菜单中选择"合并通道"命令，在打开的"合并通道"对话框中设置合并后图像的颜色模式为RGB颜色，如图10-37所示，单击"确定"按钮，再在打开的"合并RGB通道"对话框中单击"确定"按钮，即可为原图像添加背景纹理，如图10-38所示。

图 10-36 应用滤镜效果

图 10-37 "合并通道"对话框

图 10-38 合并通道图像效果

10.2.3　混合通道

使用"应用图像"命令可以使用通道将两幅图像混合在一起,为图像增加一些特殊气氛。打开"素材 \ 第 10 章 \ 猫 .jpg、紫色背景 .jpg"图像,如图 10-39 所示。

图 10-39　打开素材图像

使用移动工具将"光点"图像移动到"猫"图像中,并将"光点"图像放大到与"猫"图像一样大小。选择【图像】/【应用图像】命令,打开"应用图像"对话框。选择"图层"为"背景"、"混合"为"强光",如图10-40所示,单击"确定"按钮,效果如图10-41所示。

图 10-40　"应用图像"对话框　　　　　　　　图 10-41　混合图像效果

"应用图像"对话框中各选项作用如下。

- 源:用于选择混合通道的文件。需要注意的是,只有打开的图像才能进行选择。
- 图层:用于选择参与混合的图层。
- 通道:用于选择参与混合的通道。
- 反相:选中该复选框,可使通道先反向,再进行混合。
- 目标:用于显示被混合的对象。
- 混合:用于设置混合模式。
- 不透明度:用于控制混合的程度。
- 保留透明区域:选中该复选框,会将混合效果限制在图层的不透明区域范围内。
- 蒙版:选中该复选框,将显示出"蒙版"的相关选项,用户可将任意颜色通道或Alpha通道作为蒙版。

10.2.4　通道计算

使用"计算"命令可以将一个图像或多个图像中的单个通道混合起来。使用"计算"命令可以轻松地抠取出透明图像，打开"素材 \ 第 10 章 \ 冰雕 .jpg"图像，打开"通道"面板，通过观察可以发现，"红"通道中的冰雕轮廓最为明显，如图 10-42 所示。

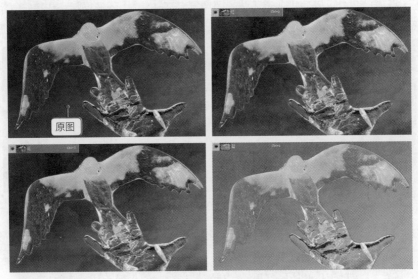

图 10-42 选择图像通道观察

　　选择"红"通道，使用钢笔工具将冰雕勾勒出来，按【Ctrl+Enter】组合键将路径转换为选区，选择【图像】/【计算】命令，打开"计算"对话框，设置"源1"的通道为"选区"，"源2"的通道为"红"，混合模式为"正片叠底"，结果为"新建通道"，如图10-43所示。单击"确定"按钮，即可创建一个新的Alpha通道，按住【Ctrl】键单击该通道载入选区，回到RGB通道中，按【Ctrl+C】组合键复制选区内的图像，如图10-44所示。

　　打开"素材 \ 第 10 章 \ 天空 .jpg"图像，按【Ctrl+V】组合键将图像粘贴到天空图像中，适当调整图像大小，效果如图 10-45 所示，得到抠取出的冰雕图像。

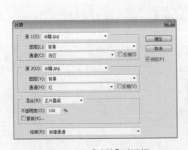
图 10-43 "计算"对话框

图 10-44 复制选区图像

图 10-45 抠取出的冰雕图像

　　"计算"对话框中各选项作用如下。

● 源1：用于选择参加计算的第1个源图像、图层或通道。

● 源2：用于选择参加计算的第2个源图像、图层或通道。

● 图层：源图像中包含了多个图层时，通过该选项进行选择。

● 混合：用于设置混合方式。

● 结果：用于设置计算完成后的结果。选择"新建文档"选项将得到一个灰度图像；选择"新建通道"选项将把计算的结果保存到新的通道中；选择"选区"选项将生成一个新的选区。

10.2.5　使用通道调整图像色彩

用户可以对图像中的单个通道应用各种调色命令，从而达到调整图像中的单种色调的目的，这是一种高级调色技术。

打开"素材 \ 第 10 章 \ 酒杯 .jpg"图像，如图 10-46 所示，下面将分别使用"曲线"命令来调整"红"、"绿"和"蓝"，得到不同的色调图像效果。

- 选择"红"通道，按【Ctrl+M】组合键打开"曲线"对话框，向上拖动曲线，可增加图像中的红色数量，如图10-47所示；向下拖动曲线，将减少图像中的红色，效果如图10-48所示。

图 10-46 素材图像

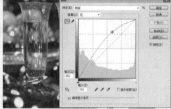
图 10-47 增加红色

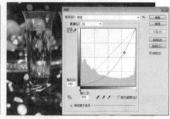
图 10-48 降低红色

- 选择"绿"通道，按【Ctrl+M】组合键打开"曲线"对话框，向上拖动曲线，可增加图像中的绿色数量，如图10-49所示；向下拖动曲线，将减少图像中的绿色，效果如图10-50所示。

图 10-49 增加绿色

图 10-50 降低绿色

- 选择"蓝"通道，按【Ctrl+M】组合键打开"曲线"对话框，向上拖动曲线，可增加图像中的蓝色数量，如图10-51所示；向下拖动曲线，将减少图像中的蓝色，效果如图10-52所示。

图 10-51 增加蓝色

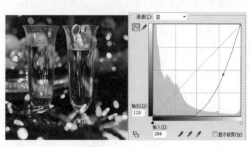
图 10-52 降低蓝色

![课堂练习图标] **课堂练习**——使用通道校正图像颜色

　　打开"素材\第10章\课堂练习\花朵.jpg"图像，由于在阳光下拍摄的原因，原图像色调偏红，下面将在"通道"面板中分别选择各色通道，使用"曲线"命令增加蓝色调，降低红色调。完成后的参考效果如图10-53所示（效果文件：效果\第10章\使用通道校正图像颜色.psd）。

图10-53　校正图像颜色前后对比

10.3　上机实训——抠取婚纱图像

10.3.1　实训要求

　　某对新人拍摄了一组婚纱照，新娘调出来一张室内单人照，希望通过后期处理技术更换背景，制作成海边婚纱照效果。婚纱的披纱需要具有透明的质感，所以在抠取人物和衣服时，需要保留这种透明的效果。

10.3.2　实训分析

　　对于婚纱、冰块这一类具有透明效果的图像，采用常规的魔棒工具或钢笔工具都只能抠取整体轮廓，而不能得到透明效果。

　　本例将通过"通道"面板，选择对比最为强烈的颜色通道，获取图像选区，再通过钢笔工具、画笔工具的辅助操作，抠取出人物和婚纱图像。本实训的参考效果如图10-54所示。

　　素材所在位置：素材\第10章\上机实训\海边.jpg、婚纱.jpg

　　效果所在位置：效果\第10章\婚纱图像.psd

图10-54　前后对比效果图

10.3.3　操作思路

完成本实训主要包括使用钢笔工具绘制出人物外部轮廓并获取选区、载入通道选区、将抠取的图像粘贴到另一个图像中、擦除多余的图像4大步操作，其操作思路如图10-55所示。涉及的知识点主要包括钢笔工具的使用、橡皮擦工具的使用，以及在通道中载入选区等操作。

▶ **01** 勾选人物主体部分　　　　▶ **02** 载入"蓝"通道选区

▶ **03** 粘贴抠取的婚纱图像　　　　▶ **04** 擦除多余的图像

图10-55　操作思路

【步骤提示】

STEP 01 打开"婚纱.jpg"图像，选择钢笔工具在人物图像轮廓绘制路径，注意避开透明的婚纱图像。

STEP 02 按【Ctrl+Enter】组合键将路径转换为选区，按【Ctrl+J】组合键复制选区中的图像到新的图层。

STEP 03 打开"通道"面板，分别选择每一个通道观察，可以发现"蓝"通道中婚纱与背景的对比度最大，所以选择"蓝"通道，按住【Ctrl】键单击该通道载入选区。

STEP 04 复制通道中的图像，选择RGB通道，回到"图层"面板中粘贴图像，将其放到新调整出来的人物图像下方。

STEP 05 打开"海边.jpg"图像，使用移动工具将其拖动到婚纱图像中，将其放到背景图层

视频教学
抠取婚纱图像

上方，使用橡皮擦工具擦除多余的透明婚纱图像，完成制作。

10.4 课后练习

1. 练习 1——抠取云朵图像

打开图10-56所示的"云朵.jpg"图像，下面将选择一个颜色通道，通过调整图像对比度，抠取出白色云朵，完成后的参考效果如图10-57所示。

素材所在位置：素材 \ 第 10 章 \ 课后练习 \ 云朵 .jpg、草地 .jpg

效果所在位置：效果 \ 第 10 章 \ 云朵图像 .psd

图 10-56 云朵图像

图 10-57 抠取出来的云朵图像

> **提示：**在"通道"面板中选择颜色通道时，需要观察白云图像与蓝天背景边缘的对比程度，找到明暗对比最强的一个通道进行操作。

2. 练习 2——调出小清新色调

将图像改变为Lab模式后，配合"通道"面板和"曲线"命令，可以轻松调整出小清新感觉的图像，完成后的参考效果如图10-58所示。

素材所在位置：素材 \ 第 10 章 \ 课后练习 \ 小女孩 .jpg

效果所在位置：效果 \ 第 10 章 \ 小清新色调 .psd

图 10-58 照片调整前后对比效果

第**11**章

使用滤镜

　　强大的滤镜功能，使Photoshop从众多的图像处理软件中脱颖而出，通过滤镜命令可以为图像添加丰富的特殊效果。本章将讲解滤镜在编辑图像时的应用，包括滤镜库的使用、各滤镜组的使用以及特殊滤镜的使用等，掌握滤镜的应用有利于完成更多图像特效处理工作。

课堂学习目标

- 认识滤镜和滤镜库
- 滤镜组的使用
- 特殊滤镜的使用及技巧

课堂案例展示

火焰文字

唯美阳光照射效果

11.1 认识滤镜和滤镜库

　　滤镜是Photoshop十分实用的功能。使用它可以使普通的图像呈现素描、油画、水彩等效果。下面首先来认识一下滤镜和滤镜库。

11.1.1 课堂案例——制作水彩画

　　案例目标：运用提供的素材，通过滤镜库中的多个滤镜，叠加在一起，得到特殊图像效果，完成后的参考效果如图11-1所示。

　　知识要点：滤镜库的基本操作；图层混合模式的设置。

　　素材文件：素材\第11章\制作水彩画\山水风景.jpg

　　效果文件：效果\第11章\水彩画.psd

图 11-1 图像效果

　　其具体操作步骤如下。

　　STEP 01 打开"山水风景.jpg"图像，选择【滤镜】/【滤镜库】命令，打开"滤镜库"对话框，素材图像将在左侧窗口中显示，如图11-2所示。

图 11-2 "滤镜库"对话框

视频教学
制作水彩画

　　◎ **提示** 打开"滤镜库"对话框后，在左侧显示素材图像，当添加某一个滤镜效果后，将在预览框中显示滤镜效果。

　　STEP 02 在对话框中选择【素描】/【水彩画纸】命令，在对话框右侧设置参数为15、60、80，在对话框左侧可以预览到水彩图像效果，如图11-3所示。

　　STEP 03 单击"滤镜库"对话框右下方的"新建效果图层"按钮 ▣，这时将新建一个滤镜效果图层，该滤镜图层将延续上一个滤镜图层的命令及参数，如图11-4所示。

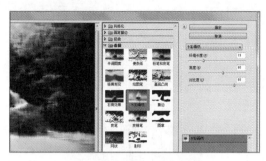

图 11-3 添加滤镜效果

图 11-4 新建效果图层

STEP 04 在"滤镜库"对话框中选择【艺术效果】/【干画笔】命令，滤镜效果将与原有效果重叠，如图11-5所示。

STEP 05 单击"确定"按钮，得到的图像效果，如图11-6所示。

图 11-5 设置"干画笔"效果

图 11-6 滤镜效果

STEP 06 在"图层"面板中新建一个图层，填充为黄色"#d5ad4e"，并将图层混合模式设置为"叠加"，如图11-7所示，这时得到的图像效果如图11-8所示，完成本实例的制作。

图 11-7 填充图像并设置图层属性

图 11-8 图像效果

11.1.2 认识滤镜

滤镜是图像处理的"灵魂"，它可以编辑当前可见图层或图像选区内的图像，将其制作成各种效果。

滤镜的工作原理是利用对图像中像素的分析，按每种滤镜的特殊数学算法进行像素色彩、亮度等参数的调节，从而完成原图像部分或全部像素的属性参数的调节或控制，使图像呈现所需要的变化。对图11-9所示的图像应用水波滤镜后的效果如图11-10所示。

图11-9 应用滤镜前的效果　　图11-10 应用滤镜后的效果

还可以这样认为，滤镜就是效果，不同的滤镜具有不同的效果，如果图像或选区需要某种效果时，只需要为其应用某种滤镜即可。

11.1.3　滤镜的样式

Photoshop CS5提供了多达十几类、上百种滤镜，每一种滤镜都可以制作出不同的图像效果，而将多个滤镜叠加使用，更是可以制作出奇妙的特殊效果。Photoshop CS5提供的滤镜都放置在"滤镜"菜单中，如图11-11所示。

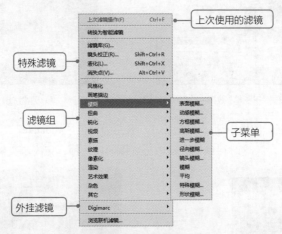

图11-11 滤镜菜单

11.1.4　滤镜的作用范围

滤镜命令只能作用于当前正在编辑的、可见的图层或图层中的选定区域，如果没有选定区域，系统会将整个图层视为当前选定区域。另外，也可对整幅图像应用滤镜。

要对图像使用滤镜，必须要了解图像色彩模式与滤镜的关系。RGB颜色模式的图像可以使用Photoshop CS5下的所有滤镜，不能使用滤镜的图像色彩模式有位图模式、16位灰度图、索引模式、48位RGB模式。

有的色彩模式图像只能使用部分滤镜，如在CMYK模式下不能使用画笔描边、素描、纹理、艺术效果和视频类滤镜。

疑难解答
什么是外挂滤镜?

外挂滤镜是指由第三方软件生产商开发的,不能独立运行,必须依附在 Photoshop 中运行的滤镜。外挂滤镜在很大程度上弥补了 Photoshop 自身滤镜的部分缺陷,并且功能强大,可以轻而易举地制作出非常漂亮的图像效果。

11.1.5 使用滤镜库

在平常的平面处理中,只有部分滤镜被经常使用,为了便于快速找到并使用它们,开发商将它们放置在滤镜库中,这样极大地提高了图像处理的灵活性、机动性和工作效率。

选择【滤镜】/【滤镜库】命令,打开图11-12所示的"滤镜库"对话框。

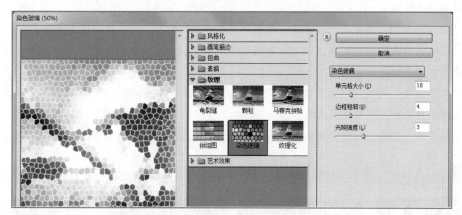

图11-12 "滤镜库"对话框

滤镜库提出一个滤镜效果图层的概念,即可以为图像同时应用多个滤镜,每个滤镜被认为是一个滤镜效果图层,与普通图层一样,它们也可进行复制、删除或隐藏等,从而将滤镜效果叠加起来,得到效果更加丰富的特殊图像。

● 添加滤镜效果图层:单击"新建效果图层"按钮 ,这时将新建一个滤镜效果图层,该滤镜图层将延续上一个滤镜图层的命令及参数,如图11-13所示。在滤镜选择区中选择另一个需要的滤镜命令,这样就完成了滤镜效果图层的添加,如图11-14所示。

图11-13 新建滤镜效果图层

图11-14 使用"图章"滤镜

● 改变滤镜效果图层叠加顺序:改变滤镜效果图层的叠加顺序,可以改变图像应用滤镜后的最终效果,只须拖动要改变顺序的效果图层到其他效果图层的前面或后面,待该位置出现一条黑色的线时释放鼠标即可。

● 隐藏滤镜效果图层:如果不想观察某一个或某几个滤镜效果图层产生的滤镜效果,只须单击不需要观察的滤镜效果图层前面的▣图标，将其隐藏即可。

● 删除滤镜效果图层：对于不再需要的滤镜效果图层，可以将其删除，先在滤镜列表框中选择要删除的图层，然后单击底部的"删除效果图层"按钮 🗑 即可。

下面将分别介绍滤镜库中各组滤镜的作用和效果。

1. 画笔描边类滤镜

画笔描边类滤镜用于模拟用不同的画笔或油墨笔刷勾画图像，产生绘画效果。该类滤镜提供了8种滤镜，全部位于滤镜库中。

● "喷溅"和"喷色描边"滤镜："喷溅"滤镜模拟喷枪绘画效果，使图像产生笔墨喷溅效果，好像用喷枪在画面上喷上了许多彩色小颗粒。而使用"喷色描边"滤镜可以使图像产生斜纹飞溅效果。

● "墨水轮廓"滤镜：该滤镜模拟使用纤细的线条在图像原细节上重绘图像，从而生成钢笔画风格的图像效果。

● "强化的边缘"滤镜：该滤镜可使图像中颜色对比较大处产生高亮的边缘效果。

● "成角的线条"滤镜：该滤镜可以使图像中的颜色按一定的方向进行流动，从而产生类似倾斜划痕效果。

● "深色线条"滤镜：该滤镜将使用短而密的线条来绘制图像中的深色区域，用长而白的线条来绘制图像中颜色较浅的区域。

● "烟灰墨"滤镜：该滤镜模拟使用蘸满黑色油墨的湿画笔在宣纸上绘画的效果。

● "阴影线"滤镜：该滤镜可以使图像表面生成交叉状倾斜划痕效果。

打开"素材\第11章\食物.jpg"图像，图11-15所示为应用部分画笔描边类滤镜效果展示。

原图　　成角的线条　　墨水轮廓　　喷溅

图11-15 画笔描边类滤镜效果

2. 素描类滤镜

素描类滤镜用于在图像中添加纹理，使图像产生素描、速写及三维的艺术效果。该组滤镜提供了14种滤镜效果，全部位于滤镜库中。

● "便条纸"滤镜：该滤镜模拟凹陷压印图案，使图像产生草纸画效果。

● "半调图案"滤镜：该滤镜使用前景色和背景色在图像中产生网板图案效果。

● "图章"滤镜：该滤镜用来模拟图章盖在纸上产生的颜色不连续效果。

● "基底凸现"、"石膏效果"和"影印"滤镜：这3个滤镜分别使图像产生浮雕、石膏和影印效果。

● "撕边"滤镜：该滤镜可以用前景色来填充图像的暗部区，用背景色来填充图像的高亮度区，并且在颜色相交处产生粗糙及撕破的纸片形状效果。

● "水彩画纸"滤镜：该滤镜模仿在潮湿的纤维纸上涂抹颜色而产生画面浸湿、颜料扩散的效果。

● "炭笔"、"炭精笔"和"粉笔和炭笔"滤镜："炭笔"滤镜模拟使用炭笔在纸上绘画效果，"炭精笔"滤镜模拟使用炭精笔绘图效果，"粉笔和炭笔"滤镜则模拟同时使用粉笔和炭笔绘画效果。

● "绘图笔"滤镜：该滤镜可以使图像产生钢笔画效果。

● "网状"滤镜：该滤镜是使用前景色和背景色填充图像，产生一种网眼覆盖效果。

● "铬黄渐变"滤镜：该滤镜用于使图像中的颜色产生流动效果，从而使图像产生液态金属流动效果。

打开"素材 \ 第 11 章 \ 海边 .jpg"图像，图 11-16 所示为应用部分素描类滤镜效果展示。

原图　　半调图案　　便条纸　　铬黄渐变

图 11-16　素描类滤镜效果

技巧 "便纸条"滤镜通常用来制作生锈效果，但被处理的图像要具有层次分明的高色调、半色调和低色调。

3. 纹理类滤镜

纹理类滤镜与素描类滤镜一样，也是在图像中添加纹理，以表现出纹理化的图像效果。该组滤镜提供了6种滤镜效果，全部位于滤镜库中。

● "拼缀图"滤镜：该滤镜将图像分割成无数规则的小方块，模拟建筑拼贴瓷砖的效果。

● "染色玻璃"滤镜：该滤镜在图像中根据颜色的不同产生不规则的多边形彩色玻璃块，玻璃块的颜色由该块内像素的平均颜色来确定。

● "纹理化"滤镜：该滤镜可以为图像添加预知的纹理图案，从而使图像产生纹理压痕的图像效果。

● "颗粒"滤镜：该滤镜可以在图像中随机加入不同类型的、不规则的颗粒，以使图像产生颗粒纹理效果。

● "马赛克拼贴"和"龟裂缝"滤镜：这两个滤镜分别可以使图像产生类似马赛克拼贴和浮雕效果。

打开"素材 \ 第 11 章 \ 花瓶 .jpg"图像，图 11-17 所示为应用部分纹理类滤镜效果展示。

原图　　龟裂缝　　马赛克拼贴　　拼缀图

图 11-17　纹理组滤镜效果

4．艺术效果类滤镜

艺术效果类滤镜主要为用户提供模仿传统绘画手法的途径，可以为图像添加天然或传统的艺术图像效果。该组滤镜提供了15种滤镜效果，全部位于滤镜库中。

● "塑料包装"滤镜：该滤镜使图像表面产生像透明塑料袋包裹物体时的效果。

● "壁画"滤镜：该滤镜使图像产生古壁画粗犷风格效果。

● "干画笔"滤镜：该滤镜可以使图像产生一种不饱和的、干燥的油画效果。

● "底纹效果"滤镜：该滤镜可以使图像产生喷绘图像效果。

● "彩色铅笔"滤镜：该滤镜模拟使用彩色铅笔在图纸上绘图的效果。

● "木刻"滤镜：该滤镜使图像产生类似木刻画般的效果。

● "水彩"滤镜：该滤镜将简化图像细节，并模拟使用水彩笔在图纸上绘画的效果。

● "海报边缘"滤镜：该滤镜将减少图像中的颜色复杂度，在颜色变化大的区域边界填上黑色，使图像产生海报画的效果。

● "海绵"滤镜：该滤镜使图像产生海绵吸水后的图像效果。

● "涂抹棒"滤镜：该滤镜模拟使用粉笔或蜡笔在图纸上涂抹的效果。

● "粗糙蜡笔"滤镜：该滤镜模拟蜡笔在纹理背景上绘图时的效果，生成一种纹理浮雕效果。

● "绘画涂抹"滤镜：该滤镜模拟用手指在湿画上涂抹的模糊效果。

● "胶片颗粒"滤镜：该滤镜在图像表面产生胶片颗粒状纹理效果。

● "调色刀"滤镜：该滤镜将减少图像细节，产生类似写意画效果。

● "霓虹灯光"滤镜：该滤镜将在图像中颜色对比反差较大边缘处产生类似霓虹灯发光的效果。

打开"素材 \ 第 11 章 \ 登山 .jpg"图像，图 11-18 所示为应用部分艺术效果类滤镜效果展示。

原图　　彩色铅笔　　粗糙蜡笔　　绘画涂抹

图 11-18　艺术效果类滤镜效果

——制作绘画效果

打开"素材\第 11 章\课堂练习\汽车 .jpg",首先复制图层并去色,然后运用"滤镜库"中的"绘画笔"滤镜得到绘画图像,完成后的参考效果如图 11-19 所示(效果文件:效果\第 11 章\制作绘画效果 .psd)。

图 11-19 图像绘画效果

11.2 滤镜组的使用

除了滤镜库中的滤镜外,Photoshop还内置了多个其他滤镜,这里将重点介绍没有在滤镜库中的其他滤镜,下面分别进行讲解。

11.2.1 课堂案例——制作燃烧的火焰

案例目标:运用多个滤镜命令制作出火焰背景,完成后的参考效果如图11-20所示。

知识要点:"分层云彩"滤镜的使用;"径向模糊"滤镜的使用;图层顺序的调整。

素材文件:素材\第 11 章\制作燃烧的火焰\火球 .psd

效果文件:效果\第 11 章\燃烧的火焰 .psd

图 11-20 图像效果

其具体操作步骤如下。

STEP 01 新建一个图像文件,填充背景为白色,选择【滤镜】/【渲染】/【分层云彩】命令,得到分层云彩效果,如图11-21所示。

STEP 02 多次按【Ctrl+F】组合键,重复操作,得到层次感更深的分层云彩图像效果,如图11-22所示。

视频教学
制作燃烧的火焰

图11-21 分层云彩效果

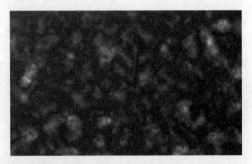

图11-22 重复滤镜效果

STEP 03 选择【图像】/【调整】/【亮度/对比度】命令，在打开的对话框中增加亮度和对比度参数，如图11-23所示。

STEP 04 单击"确定"按钮，得到增加亮度和对比度后的图像效果，如图11-24所示。

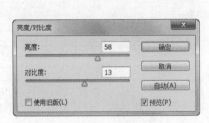

图11-23 调整参数

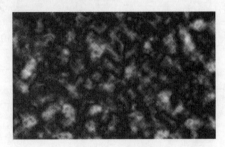

图11-24 图像效果

STEP 05 选择【图层】/【新建调整图层】/【渐变映射】命令，在打开的对话框中保持默认设置，单击"确定"按钮，进入"属性"面板，单击渐变色条，设置渐变颜色分别为深红色"#200303"、红色"#e1241e"、黄色"#fff100"、淡黄色"#fffeee"，得到火焰图像背景，如图11-25所示。

STEP 06 选择背景图层，选择【滤镜】/【模糊】/【径向模糊】命令，打开"径向模糊"对话框，设置"数量"为40、"模糊方法"为"缩放"，在"中心模糊"框中拖动中心点至右侧，确定模糊点，如图11-26所示。

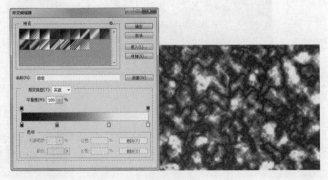

图11-25 渐变映射效果

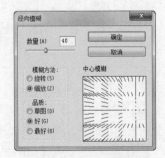

图11-26 径向模糊

STEP 07 单击"确定"按钮，得到径向模糊图像效果如图11-27所示。

STEP 08 打开"火球.psd"图像，使用移动工具将其拖动到当前编辑的图像中，适当调整图像大小，放到画面中间，在"图层"面板中将该图层调整到背景图层上方，完成本实例的制作，如图11-28所示。

图11-27 径向模糊效果

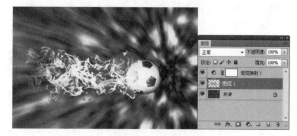

图11-28 完成制作

11.2.2 风格化滤镜组

风格化类滤镜主要通过移动和置换图像的像素并提高图像像素的对比度来产生印象派及其他风格化效果。该组滤镜提供了9种滤镜，只有"照亮边缘"滤镜位于滤镜库中，其他滤镜可以选择【滤镜】/【风格化】命令，然后在弹出的子菜单中选择。

- "照亮边缘"滤镜：该滤镜在图像中颜色对比反差较大的边缘产生发光效果，并加重显示发光轮廓。
- "凸出"滤镜：该滤镜将图像分成一系列大小相同但有机叠放的三维块或立方体，从而扭曲图像并创建特殊的三维背景效果。
- "扩散"滤镜：该滤镜可以使图像产生透过磨砂玻璃观察图像的分离模糊效果。
- "拼贴"滤镜：该滤镜可将图像分割成若干小块并进行位移，以产生瓷砖拼贴般的效果。
- "曝光过度"滤镜：该滤镜可使图像产生正片和负片混合的效果，类似于摄影中增加光线强度产生的过度曝光效果。
- "查找边缘"滤镜：该滤镜将图像中相邻颜色之间产生用铅笔勾划过的轮廓效果。
- "浮雕效果"滤镜：该滤镜将图像中颜色较亮的图像分离出来，并降低周围颜色生成浮雕效果。
- "等高线"滤镜：该滤镜沿图像的亮区和暗区的边界绘出比较细、颜色比较浅的轮廓效果。
- "风"滤镜：该滤镜可以在图像中添加一些短而细的水平线来模拟风吹效果。

打开"素材\第11章\美食.jpg"图像，图11-29所示为应用部分风格化滤镜组效果展示。

图11-29 风格化滤镜组效果

11.2.3　模糊滤镜组

模糊类滤镜通过削弱图像中相邻像素的对比度，使相邻像素间过渡平滑，从而产生边缘柔和、模糊的效果。选择【滤镜】/【模糊】命令，在弹出的子菜单中选择相应的模糊滤镜项。

- "动感模糊"滤镜：该滤镜通过对图像中某一方向上的像素进行线性位移来产生运动的模糊效果。
- "平均"滤镜：该滤镜通过对图像中的平均颜色值进行柔化处理，从而产生模糊效果，该滤镜无参数设置对话框。
- "形状模糊"滤镜：该滤镜可以使图像按照某一形状进行模糊处理。
- "径向模糊"滤镜：该滤镜可以使图像产生旋转或放射状模糊效果。
- "方框模糊"滤镜：该滤镜以图像中邻近像素颜色平均值为基准进行模糊。
- "特殊模糊"和"表面模糊"滤镜："特殊模糊"滤镜通过找出并模糊图像边缘以内的区域，从而产生一种边界清晰的模糊效果；而"表面模糊"滤镜则模糊边缘以外的区域。
- "模糊"滤镜：该滤镜将对图像中边缘过于清晰的颜色进行模糊处理，达到模糊的效果，该滤镜无参数设置对话框。
- "进一步模糊"滤镜：与"模糊"滤镜对图像产生模糊效果相似，但要比模糊滤镜的效果强3～4倍，该滤镜无参数设置对话框。
- "镜头模糊"滤镜：该滤镜使图像模拟摄像时镜头抖动产生的模糊效果。
- "高斯模糊"滤镜：该滤镜将对图像总体进行模糊处理。

打开"素材\第11章\海豚.jpg"图像，图11-30所示为应用部分模糊滤镜组效果展示。

原图　　　　　　动感模糊　　　　　　形状模糊　　　　　　径向模糊

图11-30　模糊滤镜组效果

11.2.4　扭曲滤镜组

扭曲类滤镜主要用于对图像进行扭曲变形，该组滤镜提供了13种滤镜效果，其中"扩散亮光"、"海洋波纹"和"玻璃"滤镜位于滤镜库中，其他滤镜可以选择【滤镜】/【扭曲】命令，然后在弹出的子菜单中选择使用。

- "扩展亮光"滤镜：该滤镜用于产生一种弥漫的光热效果，使图像中较亮的区域产生一种光照效果。
- "海洋波纹"滤镜：该滤镜可以使图像产生一种在海水中漂浮的效果。

- "玻璃"滤镜：该滤镜可以使图像产生一种透过玻璃观察图像的效果。
- "切变"滤镜：该滤镜可以使图像在竖直方向产生弯曲效果。
- "挤压"滤镜：该滤镜可以使图像产生向内或向外挤压变形效果，在"挤压"对话框中的"数量"数值框中输入数值来控制挤压效果。
- "旋转扭曲"滤镜：该滤镜可以使图像沿中心产生顺时针或逆时针的旋转风轮效果。
- "极坐标"滤镜：该滤镜通过改变图像的坐标方式使图像产生极端变形效果。
- "水波"滤镜：该滤镜可使图像产生起伏状的水波纹和旋转效果。
- "波浪"滤镜：该滤镜通过设置波长使图像产生波浪涌动效果。
- "波纹"滤镜：该滤镜可以使图像产生水波荡漾的涟漪效果。
- "球面化"滤镜：该滤镜模拟将图像包在球上并扭曲、伸展来适合球面，产生球面化效果。

打开"素材\第11章\火花.jpg"图像，图11-31所示为应用部分扭曲滤镜组效果展示。

图11-31 扭曲滤镜组效果

11.2.5 像素化滤镜组

像素化类滤镜组主要通过将图像中相似颜色值的像素转化成单元格的方法，使图像分块或平面化。像素化类滤镜包括7种滤镜，只须选择【滤镜】/【像素化】命令，在弹出的子菜单中选择相应的滤镜命令即可。

- "彩块化"滤镜：该滤镜使图像中纯色或相似颜色凝结为彩色块，从而产生类似宝石刻画般的效果，该滤镜没有参数设置对话框。
- "彩色半调"滤镜：该滤镜将图像分成矩形栅格，并向栅格内填充像素。
- "点状化"滤镜：该滤镜在图像中随机产生彩色斑点，点与点间的空隙用背景色填充。
- "晶格化"滤镜：该滤镜使图像中相近的像素集中到一个像素的多角形网格中，从而使图像清晰化。
- "马赛克"滤镜：该滤镜把图像中具有相似颜色的像素统一合成更大的方块，从而产生类似马赛克般的效果。
- "碎片"滤镜：该滤镜将图像的像素复制4遍，然后将它们平均移位并降低不透明度，从而形成一种不聚焦的"四重视"效果，该滤镜没有参数设置对话框。
- "铜版雕刻"滤镜：该滤镜在图像中随机分布各种不规则的线条和虫孔斑点，从而产生镂刻的版画效果。

打开"素材\第 11 章\鲜花 .jpg"图像，图 11-32 所示为应用像素化滤镜组效果展示。

图 11-32 像素化滤镜组效果

11.2.6 渲染滤镜组

渲染类滤镜主要用于模拟光线照明效果，共提供了5种渲染滤镜，都位于"滤镜"菜单的"渲染"子菜单中。

- "云彩"滤镜：该滤镜通过在前景色和背景色之间随机地抽取像素并完全覆盖图像，从而产生类似柔和云彩效果，该滤镜无参数设置对话框。
- "分层云彩"滤镜：该滤镜产生的效果与原图像的颜色有关，它不像云彩滤镜那样完全覆盖图像，而是在图像中添加一个分层云彩效果。
- "光照效果"滤镜：该滤镜可以对图像使用不同类型的光源进行照射，从而使图像产生类似三维照明的效果。
- "纤维"滤镜：该滤镜将前景色和背景色混合生成一种纤维效果。
- "镜头光晕"滤镜：该滤镜通过为图像添加不同类型的镜头，模拟镜头产生的眩光效果。

打开"素材\第 11 章\长颈鹿 .jpg"图像，图 11-33 所示为应用部分渲染滤镜组效果展示。

图 11-33 渲染滤镜组效果

11.2.7 锐化滤镜组

锐化类滤镜主要是通过增强相邻像素间的对比度来减弱甚至消除图像的模糊，使图像轮廓分明、效果清晰。锐化类提供了5种滤镜，都位于"滤镜"菜单的"锐化"子菜单中。

● "USM锐化"滤镜：该滤镜将增大相邻像素之间的对比度，以使图像边缘清晰。

● "智能锐化"滤镜：该滤镜通过设置锐化算法来对图像进行锐化处理。

● "锐化"滤镜：该滤镜用来增加图像像素间的对比度，使图像清晰化。该滤镜无对话框。

● "进一步锐化"滤镜：和"锐化"滤镜功效相似，只是锐化效果更加强烈，该滤镜无参数设置对话框。

● "锐化边缘"滤镜：该滤镜用来锐化图像的轮廓，使不同颜色之间的分界更加明显，该滤镜无参数设置对话框。

打开"素材\第11章\马卡龙.jpg"图像，图11-34所示为应用部分模糊滤镜组效果展示。

图11-34 锐化滤镜组效果

11.2.8 杂色滤镜组

杂色类滤镜主要用来向图像中添加杂点或去除图像中的杂点，该类滤镜由中间值、减少杂色、去斑、添加杂色和蒙尘与划痕5个滤镜组成。选择【滤镜】/【杂色】命令，在弹出的子菜单中选择相应的滤镜项即可。

● "减少杂色"滤镜：该滤镜用来消除图像中的杂色。

● "蒙尘与划痕"滤镜：该滤镜通过将图像中有缺陷的像素融入周围的像素中，从而达到除尘和涂抹的效果。

● "去斑"滤镜：该滤镜通过对图像进行轻微的模糊、柔化，从而达到掩饰图像中细小斑点、消除轻微折痕的效果，该滤镜无参数设置对话框。

● "添加杂色"滤镜：该滤镜用来向图像中随机地混合杂点，并添加一些细小的颗粒状像素。

● "中间值"滤镜：该滤镜通过混合图像中像素的亮度来减少图像中的杂色。

打开"素材\第11章\花儿.jpg"图像，图11-35所示为应用部分杂色滤镜组效果展示。

图11-35 杂色滤镜组效果

课堂练习 ——制作正午阳光

打开"素材 \ 第 11 章 \ 课堂练习 \ 吊床 .jpg"图像，练习为图像添加阳光效果，主要运用"自然饱和度"命令、"亮度 / 对比度"，以及"镜头光晕"滤镜等知识点，完成后的参考效果如图 11-36 所示（效果文件：效果 \ 第 11 章 \ 正午阳光 .psd）。

图 11-36 图像对比效果

11.3 特殊滤镜的使用及技巧

特殊滤镜都是一些常用且功能强大的滤镜，特殊滤镜有别于普通的滤镜组中的滤镜，因为它们都有自己的对话框，且使用起来比一般的滤镜复杂一些。

11.3.1 课堂案例——为人物瘦身

案例目标： 运用提供的素材，通过滤镜对人物的腰部、手部图像进行收缩，达到瘦身的目的，完成后的参考效果如图 11-37 所示。

知识要点： "液化"滤镜工具参数的设置；向前变形工具的使用。

素材文件： 素材 \ 第 11 章 \ 为人物瘦身 \ 背影 .jpg

效果文件： 效果 \ 第 11 章 \ 为人物瘦身 .psd

图 11-37 图像对比效果

其具体操作步骤如下。

STEP 01 打开"背影.jpg"图像，可以看到图像中的人物腰部和手臂都较粗，选择【滤镜】/【液化】命令，打开"液化"对话框，如图11-38所示。

图11-38 打开"液化"对话框

STEP 02 选择向前变形工具，在"工具选项"中设置"画笔大小"为150、"画笔密度"为50、"画笔压力"为30，在人物左侧腰部按住鼠标左键向内拖动，如图11-39所示。

STEP 03 继续在左侧腰部进行收缩，得到明显的弧度图像，如图11-40所示。

图11-39 修饰左侧腰部

图11-40 瘦身效果

STEP 04 在"工具选项"中设置"画笔大小"为100，对人物右侧腰部做向内收缩操作，效果如图11-41所示。

STEP 05 对人物的手臂做一定程度的收缩操作，效果如图11-42所示，完成本实例的制作。

图11-41 收缩右侧腰部图像

图11-42 收缩手部图像

11.3.2 液化滤镜

使用"液化"滤镜可以对图像的任何部分进行各种各样的类似液化效果的变形处理，如收缩、膨胀、旋转等，并且在液化过程中可对其各种效果程度进行随意控制，是修饰图像和创建艺术效果的有效方法。选择【滤镜】/【液化】命令，打开图11-43所示的"液化"对话框。

图11-43 "液化"对话框

"液化"对话框中各工具含义如下。

- 向前变形工具 ：用于使图像中的颜色产生流动效果，在预览框中单击并拖动即可。绘制时会在预览中显示圆形的笔头大小，并可在对话框右侧的"画笔大小"、"画笔密度"和"画笔压力"下拉列表中设置笔头。
- 重建工具 ：用于在液化变形后的图像上涂抹，可将图像中的变形效果还原成原图像效果。
- 顺时针旋转扭曲工具 ：用于使图像产生顺时针旋转效果，在图像中按住鼠标左键不放即可。
- 褶皱工具 ：用于使图像产生向内压缩变形的效果。
- 膨胀工具 ：用于使图像产生向外膨胀放大的效果。
- 左推工具 ：用于使图像中的像素发生位移变形效果。
- 镜像工具 ：用于复制图像并使复制后的图像产生与原图像对称的效果。
- 湍流工具 ：用于使图像产生波纹效果。
- 冻结蒙版工具 ：用于将图像中不需要变形的部分保护起来，被冻结区域将不会受到变形的处理。
- 解冻蒙版工具 ：用于解除图像中的冻结部分。

11.3.3 消失点滤镜

当图像中包含了如建筑侧面、墙壁、地面等产生透视平面的对象时，可以通过"消失点"滤镜来进行校正。选择【滤镜】/【消失点】命令，打开图11-44所示的"消失点"对话框。

图11-44 "消失点"对话框

"消失点"对话框中各选项作用如下。

- "编辑平面工具"按钮：单击该按钮，可使用鼠标选择、编辑或移动平面的节点以及调整平面的大小。
- "创建平面工具"按钮：单击该按钮，用于定义透视平面的4个角节点。创建好4个角节点后，使用该工具可以对节点进行移动或缩放等操作。
- "选框工具"按钮：单击该按钮，可以在创建好的透视平面上绘制选区，选择图像中的某些图像区域。
- "图章工具"按钮：单击该按钮，按住【Alt】键在透视平面内单击，可设置取样点。然后在其他区域拖动鼠标可进行仿制操作。
- "画笔工具"按钮：单击该按钮，可使用鼠标在透视平面上绘制指定的颜色。
- "变换工具"按钮：单击该按钮，可使用鼠标对选区进行变形，其效果与选择【编辑】/【自由变换】命令相同。
- "吸管工具"按钮：单击该按钮，可使用鼠标在图像上拾取颜色。
- "测量工具"按钮：单击该按钮，可测量图像中对象的距离和角度。
- "抓手工具"按钮：单击该按钮，可在预览窗口中移动图像。
- "缩放工具"按钮：单击该按钮，可在预览窗口中缩小或放大图像。

11.3.4 镜头矫正

使用相机拍摄照片时，可能因为一些外在因素造成出现如镜头失真、晕影、色差等情况。这时可通过"镜头矫正"滤镜对图像进行矫正，修复出现的问题。选择【滤镜】/【镜头矫正】命令，打开图11-45所示的"镜头矫正"对话框，选择"自定"选项卡。

图11-45 "镜头矫正"对话框

"镜头矫正"对话框的"自定"选项卡中各选项作用如下。

● "移去扭曲工具"按钮 ▦：单击该按钮，使用鼠标拖动图像可校正镜头的失真。

● "拉直工具"按钮 ▦：单击该按钮，使用鼠标拖动绘制一条直线，可将图像拉直到新的横轴或纵轴。

● "移动网格工具"按钮 ▧：单击该按钮，使用鼠标可移动网格，使网格和图像对齐。

● 几何扭曲：用于配合"移去扭曲"工具校正镜头失真。当数值为负值时，图像将向外扭曲。当数值为正值时，图像将向内扭曲。

● 色差：用于校正图像的色边。

● 晕影：用于校正因为拍摄原因产生的边缘较暗的图像。其中"数量"选项用于设置沿图像边缘变亮或变暗的程度。"中点"选项用于控制校正的范围区域。

● 变换：用于校正相机向上或向下而出现的透视问题。设置"垂直透视"为"-100"时图像将变为俯视效果；设置"水平透视"为"100"时图像将变为仰视效果。"角度"选项用于旋转图像，可校正相机的倾斜。"比例"选项用于控制镜头校正的比例。

课堂练习 ——制作流光溢彩的时钟图像

打开"素材 \ 第 11 章 \ 课堂练习 \ 蓝色背景 .jpg、时钟 .psd"图像，将时钟拖动到蓝色背景图像中，练习使用液化命令对时钟图像进行操作，并为时钟添加彩色色渐变效果，完成后的参考效果如图 11-46 所示（效果文件：效果 \ 第 11 章 \ 流光溢彩的时钟图像 .psd）。

图11-46 图像效果

11.4　上机实训——制作火焰文字

11.4.1　实训要求

本次实训要求在一个深色背景中制作出一行熊熊燃烧的火焰文字，对文字的颜色、形态，以及火焰的感觉都要求形象化、具体化。

11.4.2　实训分析

首先我们应该知道，火焰主要由红色和黄色组成，所以在对文字做填充时，采用这两种颜色作为渐变色，再添加滤镜效果，让文字在一端出现类似火焰的图像，并使其与素材图像自然地融合在一起。本实训的参考效果如图11-47所示。

素材所在位置： 素材 \ 第 11 章 \ 上机实训 \ 火焰 .psd、背景 .jpg
效果所在位置： 效果 \ 第 11 章 \ 火焰文字 .psd

图11-47　火焰文字效果图

11.4.3　操作思路

完成本实训主要包括制作渐变颜色文字、制作文字的风吹效果、涂抹文字、添加火焰和投影文字4大步操作，其操作思路如图11-48所示。涉及的知识点主要包括文字工具的使用、"风"滤镜的使用、画布的旋转等操作。

▶ **01** 输入文字并应用渐变色　　　▶ **02** 制作风吹文字效果

图11-48　操作思路

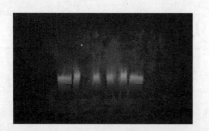 

▶ **03** 涂抹风吹图像   ▶ **04** 添加火焰素材

图11-48　操作思路（续）

【步骤提示】

视频教学
制作火焰文字

STEP 01 打开"背景.jpg"图像，使用文字工具在画面中输入文字，并应用线性渐变填充。

STEP 02 旋转画布90°，并对其应用"风"滤镜，按【Ctrl+F】组合键重复滤镜操作。

STEP 03 将画布旋转回来，使用涂抹工具，将风图像变得柔和。

STEP 04 添加"火焰.psd"图像，绘制椭圆羽化选区，填充为黑色，得到投影图像。

11.5 课后练习

1. 练习1——*制作边缘锐化的图像效果*

打开"山区.jpg"素材图像，为了让画面显得不那么普通，要求运用Photoshop为该图添加滤镜效果，制作出更具特色的风景照片效果。主要通过"高斯模糊"和"查找边缘"滤镜的结合使用，得到漂亮的图像边缘。参考效果如图11-49所示。

素材所在位置：素材 \ 第11章 \ 课后练习 \ 山区.jpg

效果所在位置：效果 \ 第11章 \ 边缘锐化的图像效果.psd

2. 练习2——*制作唯美阳光照射图像*

为图像添加灿烂的阳光能够让画面增添靓丽的色彩。本练习将综合运用本章所学的滤镜知识，在素材图像中添加美丽的阳光照射效果，主要运用了"点状化"、"阈值"和"动感模糊"滤镜来制作，完成后的参考效果如图11-50所示。

素材所在位置：素材 \ 第11章 \ 课后练习 \ 树林.jpg

效果所在位置：效果 \ 第11章 \ 唯美阳光照射图像.psd

图11-49 边缘锐化的图像效果　　　　图11-50 唯美阳光照射图像

第 **12** 章

商业综合案例

学习了Photoshop处理图像的操作和技巧后，就可以在实际工作中制作出各种各样的图像效果，包括商业广告的设计、淘宝店铺的装修等。本章将讲解多个商业案例，让读者Photoshop的操作能力得到进一步的提升。

课堂学习目标

- 设计美容院形象广告
- 设计淘宝店铺首页

综合案例展示

设计美容院形象广告

设计淘宝店铺首页

邀请函   淘宝直通车广告

12.1 设计美容院形象广告

12.1.1 案例要求

本案例要求制作一个美容院形象广告，主要是为了在大众心目中树立一个高端、时尚的形象，所以在设计上需要具有一定形象感。

12.1.2 案例分析

美容院的客户基本上以女性为主，所以在素材图像的选择上，有针对性地选择了一个漂亮的女性剪影为主体对象，通过金黄色和深色背景的强烈视觉对比，营造出高贵、时尚的画面感。本实训的参考效果如图12-1所示。

素材文件：素材\第12章\设计美容院形象广告\光斑.psd、金色蝴蝶.psd、金色人物.psd、金沙.psd、圆点.psd、金色光芒.psd、时钟.psd

效果文件：效果\第12章\美容院形象广告.psd

图 12-1 图像效果

12.1.3 操作思路

完成本实训主要包括绘制炫彩背景、添加金色人物图像、设置图层样式、为图像添加特殊效果4大步操作，其操作思路如图12-2所示。涉及的知识点主要包括定义画笔预设、渐变填充图像、图层属性的设置等操作。

▶ **01** 绘制炫彩背景

▶ **02** 添加金色人物

▶ **03** 设置图层样式

▶ **04** 添加特效效果

图 12-2 操作思路

12.1.4 制作过程

1. 制作炫彩背景

视频教学
制作炫彩背景

下面新建一个图像文件，然后在背景图像中绘制各种装饰图像，再添加光斑等素材，得到一个炫彩图像背景，其具体操作步骤如下。

STEP 01 新建一个宽和高分别为12厘米×22.5厘米的图像，将背景填充为黑色，如图12-3所示。

STEP 02 选择画笔工具，设置前景色分别为紫色"#4d1943"和枚红色"#620724"，在黑色图像中添加一些隐约的彩色背景，如图12-4所示。

STEP 03 新建图层1，选择椭圆选框工具，按住【Shift】键绘制一个正圆形选区，选择渐变工具，对选区应用粉色"#d7b3a7"到"透明"的线性渐变填充，如图12-5所示。

图 12-3 填充背景

图 12-4 绘制图像

图 12-5 制作渐变圆形

STEP 04 选择【编辑】/【定义画笔预设】命令，打开"画笔名称"对话框，保持默认设置，单击"确定"按钮，得到定义的画笔样式。

STEP 05 按【Ctrl+D】组合键取消选区，新建图层2，再隐藏图层1，如图12-6所示。选择画笔工具，单击属性栏中左侧的"切换画笔面板"按钮，打开"画笔"面板，选择刚才所定义的画笔样式，再设置"大小"为120像素、"间距"为120%，如图12-7所示。

STEP 06 在"画笔"对话框中选择"散布"样式，选中"两轴"复选框，再设置各项参数，如图12-8所示；选择"颜色动态"选项，设置"前景/背景抖动"参数为100%，如图12-9所示。

图 12-6 新建与隐藏图层

图 12-7 设置笔尖样式

图 12-8 设置"散布"

图 12-9 设置"颜色动态"

STEP 07 回到画面中，设置前景色为粉色、背景色为黑色，在画面下方绘制出多个圆点图像，如图12-10所示。

STEP 08 打开"光斑.psd"图像，使用移动工具将其拖动到当前编辑的图像中，放到画面底部，并设置该图层混合模式为"滤色"，如图12-11所示。

STEP 09 打开"圆点.psd"图像，将其移动过来，放到画面左上方，如图12-12所示。

图 12-10 绘制图像

图 12-11 添加光斑图像

图 12-12 添加圆点图像

2. 制作蝴蝶人物形象

下面将添加金色人物图像，然后在人物图像周围添加各种装饰图像，得到特殊图像效果，其具体操作步骤如下。

STEP 01 打开"金色人物.psd"图像，使用移动工具将其拖动到当前图像中，适当调整图像大小，放到画面右侧，如图12-13所示。

STEP 02 新建一个图层，选择椭圆选框工具在人物裙部绘制一个圆形选区，如图12-14所示。

STEP 03 在选区中单击鼠标右键，在弹出的快捷菜单中选择"羽化"命令，打开"羽化选区"对话框，设置"羽化半径"为15像素，如图12-15所示。

视频教学
制作蝴蝶人物形象

图 12-13 添加素材图像

图 12-14 绘制圆形选区

图 12-15 设置羽化选区

STEP 04 选择渐变工具，单击属性栏左侧的渐变色条，打开"渐变编辑器"对话框，设置渐变颜色从淡黄色"#fff6d0"到橘红色"#ac3800"到深红色"#2c0401"，如图12-16所示。

STEP 05 单击"确定"按钮,单击属性栏中的"径向渐变"按钮,在选区中间按住鼠标左键向外拖动,得到渐变填充效果,如图12-17所示。

图 12-16 设置渐变颜色

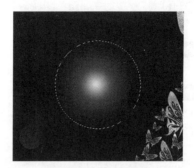

图 12-17 渐变填充图像

STEP 06 按【Ctrl+D】组合键取消选区,再按【Ctrl+T】组合键适当向下压缩图像,得到椭圆图像效果,如图12-18所示。

STEP 07 选择移动工具,按【Alt】键移动复制图像,重复操作,得到多个圆点图像,分别调整不同的大小,放到人物裙摆处,如图12-19所示。

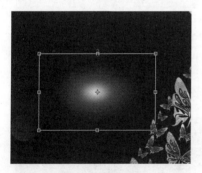

图 12-18 变换图像

图 12-19 移动复制多个图像

STEP 08 将这些圆点所在图层的混合模式设置为"滤色",效果如图12-20所示。

STEP 09 打开"金色蝴蝶.psd"图像,设置图层混合模式为"滤色",使用移动工具将其拖动过来,将光斑放到裙摆下方,将蝴蝶放到人物手部周围,效果如图12-21所示。

图 12-20 圆点图像效果

图 12-21 添加素材图像

STEP 10 打开"金色光芒.psd"图像，将其拖动过来，放到人物图像上方，设置图层混合模式为"滤色"。

STEP 11 打开"时钟.psd"图像，将其拖动过来，放到人物图像左上方，适当调整时钟图像大小。

STEP 12 选择【图层】/【图层样式】/【描边】命令，打开"图层样式"对话框，设置描边"大小"为2像素，颜色为黄色"#fff721"，效果如图12-22所示。

STEP 13 选择对话框左侧的"渐变叠加"选项，设置渐变颜色为橘色"#ff8500"到褐色"#803700"的交叉渐变，如图12-23所示。

图 12-22 设置描边样式

图 12-23 设置渐变叠加样式

STEP 14 选择"外发光"选项，设置外发光颜色为橘黄色"#ffbd2f"，其他参数设置如图12-24所示。

STEP 15 单击"确定"按钮，得到添加图层样式后的图像效果，如图12-25所示。

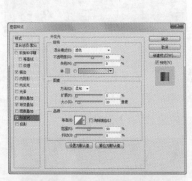

图 12-24 设置外发光样式

图 12-25 图层样式效果

STEP 16 选择横排文字工具，在时钟图像下方分别输入文字，在属性栏中设置字体为方正中倩简体，如图12-26所示。

STEP 17 选择时钟所在图层，在"图层"面板中单击鼠标右键，在弹出的快捷菜单中选择"拷贝图层样式"命令。

STEP 18 选择文字图层，在"图层"面板中单击鼠标右键，在弹出的快捷菜单中选择"粘贴图层样式"命令，文字将得到与时钟相同的图层样式，如图12-27所示。

STEP 19 选择横排文字工具，在文字两侧分别输入一段英文文字，设置文字为宋体，填充为土红色"#8a3e00"，如图12-28所示。

图12-26 输入文字　　　　　　　　图12-27 文字效果　　　　　　　　图12-28 输入英文

STEP 20 分别选择英文文字图层，选择【编辑】/【变换】/【旋转90度（顺时针）】命令，将文字做旋转后，放到中文文字两侧，如图12-29所示。

STEP 21 打开"金沙.psd"图像，使用移动工具将其拖动到当前编辑的图像中，放到时钟图像中间，设置该图层混合模式为"变亮"，如图12-30所示。

STEP 22 选择横排文字工具，在画面右上方输入美容院名称的中英文文字，在属性栏中设置字体为华康雅宋体、颜色为橘黄色"#e78530"，如图12-31所示，完成本实例的制作。

图12-29 旋转文字　　　　　　　　图12-30 添加素材图像　　　　　　　图12-31 输入文字

12.2 设计淘宝店铺首页

12.2.1 案例要求

某淘宝化妆品店策划了一个母亲节的活动，将特价宣传产品和活动优惠券放到店铺首页，在设计时应针对节日气氛设计相应的版式和颜色，并添加合适的素材。

12.2.2 案例分析

母亲节是女性的节日，所以主题选择以粉红色为主，并与多种鲜花、文字相结合，放到较为醒目的位置，让主题突出。再通过分版块的形式，将各版块与产品分开排版，让整个首页设计显得条理更加清晰。本实训的参考效果如图12-32所示。

素材文件：素材 \ 第 12 章 \ 设计淘宝店铺首页 \ 花瓣 .psd、花朵 .psd、墙 .psd、鲜花 .psd、帘子 .psd、化妆品 .psd、化妆品套装 .psd、点缀 .psd

效果文件：效果 \ 第 12 章 \ 淘宝店铺首页 .psd

12.2.3 操作思路

完成本实训主要包括制作简洁背景、添加素材制作主题、制作优惠券内容、制作产品宣传版块4大步操作，其操作思路如图12-33所示。涉及的知识点主要包括文字工具的使用、钢笔工具的使用、图层样式的使用等。

图 12-32 淘宝店铺首页

▶ 01 制作简洁背景

▶ 02 添加素材制作主题

▶ 03 制作优惠券内容

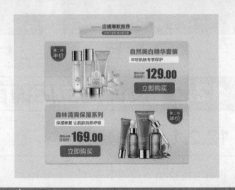

▶ 04 制作产品宣传版块

图 12-33 操作思路

12.2.4 制作过程

1. 制作店铺背景

针对淘宝店铺所需的节日气氛，制作一个粉红色背景图像，并在其中绘制一些曲线图形来丰富画面，其具体操作步骤如下。

视频教学
制作店铺背景

STEP 01 新建一个图像文件，打开"墙.psd"图像，使用移动工具将其拖动过来，放到画面上方，如图12-34所示。

STEP 02 新建一个图层，设置前景色为粉红色"#dc7d82"，选择钢笔工具，在工具属性栏中单击"形状图层"按钮 ▢，在画面中绘制一个图形，得到形状图层，如图12-35所示。

图12-34 添加素材图像

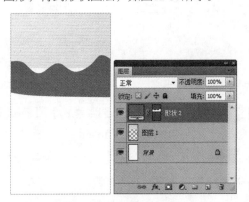

图12-35 绘制形状

STEP 03 设置前景色为淡粉色"#ffc2c5"，使用钢笔工具，在图像中再绘制一个曲线图形，如图12-36所示。

STEP 04 设置前景色为淡粉色"#fee9e8"，继续使用钢笔工具，绘制一个上方为波浪曲线的图形，如图12-37所示。

STEP 05 打开"花瓣.psd"图像，使用移动工具将其拖动到当前编辑的图像中，放到画面上方，如图12-38所示。

图12-36 绘制图形

图12-37 绘制波浪图形

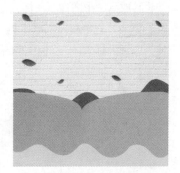

图12-38 添加花瓣图像

STEP 06 打开"花朵.psd"图像，使用移动工具分别将多个花朵图像拖动过来，并将其放到背景图层的上方，如图12-39所示。

STEP 07 添加多个素材图像后，"图层"面板中的图层较多，按住【Ctrl】键选择除背景图层外的所有图层，按【Ctrl+G】组合键得到图层组，并将其重命名为"背景"，如图12-40所示。

STEP 08 新建一个图层，选择椭圆选框工具，按住【Shift】键在画面上方绘制一个正圆形选区，填充为粉红色"#fee9e8"，如图12-41所示。

图12-39 添加花朵图像　　　　　　图12-40 创建图层组　　　　　　图12-41 绘制圆形图像

STEP 09 选择【图层】/【图层样式】/【描边】命令，打开"图层样式"对话框，设置描边大小为16像素，颜色为桃红色"#ff696d"，其他参数设置如图12-42所示。

STEP 10 单击"确定"按钮，得到图像描边效果，如图12-43所示。

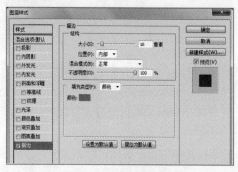

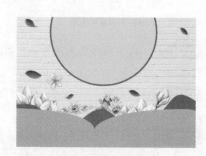

图12-42 设置描边参数　　　　　　　　　　图12-43 图像描边效果

STEP 11 打开"鲜花.psd"图像，使用移动工具分别将鲜花图像拖动过来，放到圆形图像周围，并将其放到圆形图像下一层，如图12-44所示。

STEP 12 选择横排文字工具，在圆形图像中分别输入文字"母亲节"三个字，在属性栏中设置字体为方正大标宋体，如图12-45所示。

图12-44 添加并调整鲜花图像　　　　　　图12-45 输入文字

STEP 13 选择【图层】/【图层样式】/【渐变叠加】命令，打开"图层样式"对话框，设置渐变色从玫红色"#dd0050"到粉红色"#ff77bb"，"样式"为"线性"，如图12-46所示。

STEP 14 单击"确定"按钮，文字将得到得到渐变叠加样式，如图12-47所示。

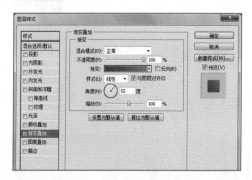

图12-46 设置渐变叠加样式

图12-47 文字效果

STEP 15 在"图层"面板中复制"母"字图层样式，分别选择其他两个文字，粘贴图层样式，如图12-48所示。

STEP 16 选择多边形套索工具，在"节"字中绘制一个四边形选区，如图12-49所示。

STEP 17 使用渐变工具对选区应用线性渐变填充，从上到下应用颜色从粉红色"#ff77bb"到玫红色"#dd0050"，如图12-50所示。

图12-48 对其他文字应用渐变叠加

图12-49 绘制多边形选区

图12-50 渐变填充选区

STEP 18 新建一个图层，选择矩形选框工具在文字下方绘制一个矩形选区，使用渐变工具对其应用与文字相同的渐变填充，如图12-51所示。

STEP 19 在矩形中输入文字，设置字体为黑体，填充为白色；再在上方输入一行英文文字，设置字体为SmoothPen-Italic，并做渐变填充，如图12-52所示。

图12-51 绘制矩形

图12-52 输入文字

2. 添加商品信息

商品信息中的文字与素材图像较多，所以需要绘制不同的形状来划分版块，其具体操作步骤如下。

STEP 01 选择自定形状工具，在属性栏中单击"形状"右侧的 按钮，在打开的面板中选择"红心形卡"图形，如图12-53所示。

STEP 02 设置前景色为淡粉色"#fed0da"，在属性栏中单击"形状图层"按钮 ，绘制出爱心图形，如图12-54所示。

STEP 03 选择【图层】/【图层样式】/【内发光】命令，打开"图层样式"对话框，设置内发光颜色为白色，其他参数设置如图12-55所示。

视频教学
添加商品信息

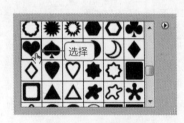

图 12-53 选择图形

图 12-54 绘制爱心图形

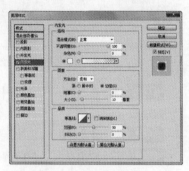

图 12-55 设置内发光样式

STEP 04 设置好内发光各项参数后，单击"确定"按钮，即可得到图像内发光效果，如图12-56所示。

STEP 05 选择【编辑】/【变换】/【缩放】命令，按住【Shift】键沿中心缩小图像，效果如图12-57所示。

STEP 06 按【Ctrl+J】组合键复制一次爱心图形，略微缩小图像，适当向上移动，在"图层"面板中关闭"内发光"样式前面的 图标，如图12-58所示。

图 12-56 内发光效果

图 12-57 图像效果

图 12-58 复制图像

STEP 07 选择【图层】/【图层样式】/【渐变叠加】命令，打开"图层样式"对话框，设置渐变颜色从桃红色"#ff60a0"到粉红色"#f9aecc"，"样式"为"线性"，如图12-59所示。

STEP 08 选择对话框左侧的"内阴影"样式，设置混合模式为"滤色"，阴影颜色为白色，如图12-60所示。

STEP 09 单击"确定"按钮，得到添加图层样式后的图像效果，如图12-61所示。

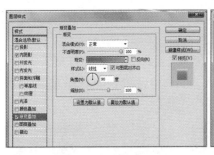

图 12-59 颜色叠加效果

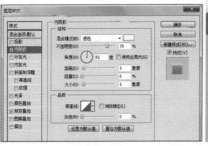

图 12-60 内阴影效果

图 12-61 图像效果

STEP 10 选择横排文字工具,在爱心图形中分别输入中英文文字和数字,在属性栏中设置字体为黑体,填充为白色,适当调整文字大小,参照图12-62所示的样式排列文字。

STEP 11 新建一个图层,使用矩形选框工具,在文字下方绘制一个矩形选区,填充为白色,并在其中输入文字,将文字填充为红色"#ff6c8b",如图12-63所示。

STEP 12 复制爱心图形和其中的文字,适当旋转并修改文字,放到两侧,如图12-64所示。

图 12-62 输入文字

图 12-63 绘制矩形

图 12-64 复制图像

STEP 13 打开"帘子.psd"图像,使用移动工具将其拖动到当前编辑的图像中,放到画面上方,得到画面两侧的透明纱帘图像,如图12-65所示。

STEP 14 选择圆角矩形工具,在属性栏中设置"半径"为15像素,设置前景色为粉红色"#ffe1e3",绘制一个圆角矩形,如图12-66所示。

STEP 15 选择【图层】/【图层样式】/【投影】命令,打开"图层样式"对话框,设置投影颜色为"#c85455",其他参数设置如图12-67所示。

图 12-65 添加帘子

图 12-66 绘制圆角矩形

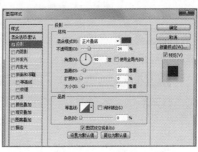

图 12-67 添加投影样式

STEP 16 单击"确定"按钮，得到圆角矩形的投影效果，如图12-68所示。

STEP 17 打开"化妆品.psd"图像，将图层1中的图像拖动到当前编辑的图像中，适当调整图像大小，如图12-69所示。

STEP 18 选择圆角矩形工具，在属性栏中设置"半径"为30像素，在化妆品下方绘制一个黄色圆角矩形，并使用横排文字工具在其中输入文字，分别填充为黑色和红色"#bd243a"，再适当调整文字大小，参照图12-70所示的样式排列，得到第一组产品广告组合。

图 12-68 投影效果　　　　　　　图 12-69 添加化妆品图像　　　　　　图 12-70 输入文字

STEP 19 选择第一组产品广告中的圆角矩形和广告文字等信息，按两次【Ctrl+J】组合键复制图像，分别按住【Shift】键水平移动图像，将其放到画面右侧，再修改广告文字信息，如图12-71所示。

STEP 20 打开"化妆品.psd"图像，分别将图层2和图层3中的化妆品拖动过来，放到第二组和第三组广告组合中，如图12-72所示。

图 12-71 复制方框　　　　　　　　　　图 12-72 添加素材图像

STEP 21 选择圆角矩形工具，在属性栏中设置"半径"为15像素，在产品组绘制一个较深一些的粉红色圆角矩形，如图12-73所示。

STEP 22 选择【图层】/【图层样式】/【斜面和浮雕】命令，打开"图层样式"对话框，设置"样式"为"内斜面"，再设置其他参数，如图12-74所示。

图 12-73 绘制圆角矩形

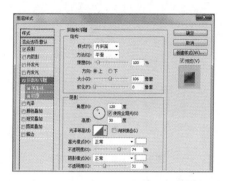

图 12-74 添加浮雕效果

STEP 23 选择对话框左侧的"投影"样式,设置投影颜色为深红色"#b2474c",其他参数设置如图12-75所示。

STEP 24 单击"确定"按钮,得到添加图层样式后的图像效果,如图12-76所示。

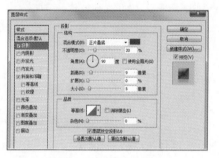

图 12-75 添加投影颜色

图 12-76 图像效果

STEP 25 选择横排文字工具,在圆角矩形中输入文字,在属性栏中设置字体为黑体,填充为土色"#3f1619",再使用矩形选框工具在文字两侧绘制细长矩形选区,填充与文字相同的颜色,如图12-77所示。

STEP 26 选择圆角矩形工具,在属性栏中设置"半径"为30像素,在文字下方绘制一个桃红色圆角矩形,并在其中输入文字,将文字填充为白色,如图12-78所示。

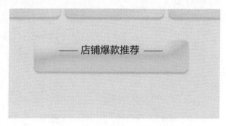

图 12-77 输入文字

图 12-78 绘制图形

STEP 27 下面制作爆款推荐产品组内容。选择"店铺爆款推荐"下方的粉红色圆角矩形,选择移动工具,按住【Alt】键移动复制该图形,并适当放大图形,放到下方,并关闭"斜面和浮雕"样式,如图12-79所示。

STEP 28 使用横排文字工具在产品组右上方输入文字,并在属性栏中设置字体为黑体,填充为红色"#ec4b51",如图12-80所示。

图12-79 复制并放大图形

图12-80 输入文字

STEP 29 新建一个图层，选择矩形选框工具，在文字下方绘制一个矩形选区，填充为白色。

STEP 30 使用横排文字工具在白色矩形中输入一行文字，并在属性栏中设置字体为黑体，填充为土色"#674e4f"，如图12-81所示。

STEP 31 输入价格文字，参照图12-82所示的样式排列文字并调整大小。

图12-81 绘制矩形并输入文字

图12-82 输入价格文字

STEP 32 选择圆角矩形工具，在属性栏中设置半径为15像素，绘制一个红色圆角矩形，作为单击进去的链接按钮，如图12-83所示。

STEP 33 使用横排文字工具在其中输入文字，在属性栏中设置字体为黑体，颜色为白色，如图12-84所示。

图12-83 复制并放大图形

图12-84 输入文字并绘制图形

STEP 34 选择钢笔工具，绘制半圆图形，将其填充为深红色"#c9141e"，如图12-85所示。

STEP 35 选择【图层】/【图层样式】/【内阴影】命令，打开"图层样式"对话框，设置内阴影颜色为白色，再设置各项参数，如图12-86所示。

图 12-85 绘制图形

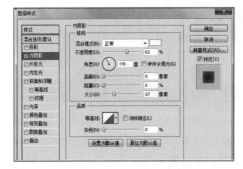

图 12-86 设置图层样式

STEP 36 单击"确定"按钮，得到图像内阴影效果，按【Ctrl+T】组合键，图像四周出现变换框，再按住【Shift】键拖动任意一角控制点，等比例缩小图像，将其放到圆角矩形左上角，如图12-87所示。

STEP 37 选择横排文字工具在其中输入文字，在属性栏中设置字体为黑体，填充为白色，如图12-88所示。

图 12-87 缩小图像

图 12-88 输入文字

STEP 38 选择第一组爆款推荐产品组中的内容，复制一次对象，将其放到下方，参照如图12-89所示内容，调整图形与文字的位置和内容。

STEP 39 打开"化妆品套装.psd"，使用移动工具将其拖动到当前编辑的图像中，分别放到这两组图形中，如图12-90所示。

STEP 40 打开"点缀.psd"，使用移动工具将其拖动到当前编辑的图像中，将树叶和花朵图像分别放到画面两侧，完成本实例的制作。

图 12-89 输入文字

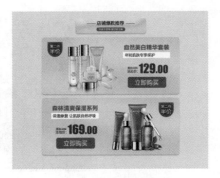

图 12-90 添加产品图像

12.3 课后练习

1. 练习1——*制作邀请函*

打开"背景.jpg"图像，使用该图像作为邀请函的主要背景，并应用到正反两面中，再在其中添加文字，制作出简洁、大气的邀请函图像，再通过平面图的设计，制作出立体效果展示图，完成后的平面图效果如图12-91所示，立体图效果如图12-92所示。

素材所在位置：素材\第12章\课后练习\蓝色背景.jpg、文字.psd

效果所在位置：效果\第12章\邀请函-平面图.psd、邀请函-效果图.psd

图12-91 平面图效果

图12-92 立体图效果

> **提示：**在制作邀请函背面图像时，文字的旋转角度，应该以折叠翻转为依据，适当翻转文字。而在制作立体图像时，应该将整个图像合并，通过透视变换，得到立体图像效果，再添加阴影，让画面感更加真实。

2. 练习2——*制作淘宝直通车广告*

淘宝直通车主要用于宣传某一种促销商品，重点在于吸引人气。本练习将制作一款运动鞋的直通车广告，将背景与运动、自然主题结合在一起，让素材图像与运动鞋自然地融合在一起，完成后的参考效果如图12-93所示。

素材所在位置：素材\第12章\课后练习\背景.jpg、树叶.psd、鞋子.psd、光芒.psd

效果所在位置：效果\第12章\淘宝直通车广告.psd

图12-93 淘宝直通车效果图